AF389934

UNIVERSITÉ DE FRANCE

TRAVAUX & MÉMOIRES

DES

FACULTÉS DE LILLE

TOME III. — Mémoire N° 13.

P. DUHEM. — Dissolutions & mélanges

Troisième Mémoire : Les mélanges doubles

LILLE

AU SIÈGE DES FACULTÉS, PLACE PHILIPPE-LEBON

1894

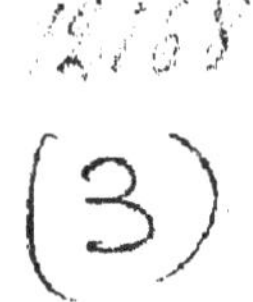

Le Conseil Général des Facultés de Lille a ordonné l'impression de ce mémoire, le 26 Avril 1893.

L'impression a été achevée, chez GAUTHIER-VILLARS & FILS, *le 5 Janvier 1894.*

DISSOLUTIONS ET MÉLANGES

TROISIÈME MÉMOIRE :

LES MÉLANGES DOUBLES

PAR

P. DUHEM

Chargé d'un Cours complémentaire de Physique mathématique
et de Cristallographie à la Faculté des Sciences de Lille.

TRAVAUX ET MÉMOIRES DES FACULTÉS DE LILLE
TOME III. — MÉMOIRE N° 13.

LILLE
AU SIÈGE DES FACULTÉS, PLACE PHILIPPE-LEBON

1894

DISSOLUTIONS ET MÉLANGES.

TROISIÈME MÉMOIRE.

LES MÉLANGES DOUBLES,

Par M. P. DUHEM,

Chargé d'un Cours complémentaire de Physique mathématique
et de Cristallographie à la Faculté des Sciences de Lille.

CHAPITRE I.

PROPRIÉTÉS GÉNÉRALES DES MÉLANGES DOUBLES.

§ I. — Définition d'un mélange double.

Considérons un sel solide en présence d'une dissolution de ce sel; ou bien une dissolution en présence du solide que le dissolvant donne en se congelant; ou bien encore un mélange dont l'un des composants est volatil en présence de la vapeur de ce composant. Dans chacun de ces cas, l'espace occupé par le système se divise en deux régions : l'une est remplie par un mélange, l'autre par un composant de ce mélange. C'est aux propriétés de semblables systèmes qu'a été consacré le Mémoire précédent.

Considérons maintenant un mélange de liquides volatils en présence de la vapeur mixte qu'il fournit; ou bien encore les deux couches de composition différente en lesquelles se partage un mélange d'éther et d'eau. Ici, l'espace occupé par le système se partage en deux régions : chacune de ces deux régions est occupée par un mélange des deux corps qui composent le système; mais ces deux mélanges ont des propriétés différentes. Nous dirons alors que nous avons affaire à un *mélange double*.

C'est à l'étude des mélanges doubles qu'est consacré le présent Mémoire.

§ II. — Conditions d'équilibre.

Prenons une masse déterminée d'éther, et versons-y des quantités d'eau graduellement croissantes; l'eau se mélange tout d'abord à l'éther de manière à former un fluide homogène; mais lorsque la masse d'eau ajoutée devient égale à une fraction déterminée de la masse d'éther (0,035 environ à la température ordinaire) le phénomène change de caractère; le mélange cesse d'être homogène; il se sépare en deux couches dont la concentration demeure indépendante, à une température donnée, des quantités d'eau ajoutées; la couche supérieure, la plus riche en éther, renferme environ 0,035 d'eau; la couche inférieure renferme une proportion d'eau beaucoup plus grande. Lorsqu'on ajoute de l'eau au système, la masse de la couche supérieure diminue et la masse de la couche inférieure augmente, sans que la composition de chacune d'elles varie. Si l'on continue à faire croître sans limite la proportion d'eau ajoutée au système, il arrive un moment où la couche supérieure finit par disparaître et où la couche inférieure demeure seule; dès lors, on peut ajouter de l'eau en telle quantité que l'on veut sans troubler l'homogénéité du mélange.

En partant de l'eau pure et en y ajoutant des quantités graduellement croissantes d'éther, on observe les mêmes effets en ordre inverse.

Cherchons les conditions d'équilibre d'un mélange d'eau et d'éther. La couche inférieure renferme une masse M_1 d'éther et une masse M_2 d'eau; sous la pression Π, à la température T, son potentiel thermodynamique est

$$\beta(M_1, M_2, \Pi, T).$$

La couche supérieure renferme une masse m_1 d'éther et une masse m_2 d'eau; ces deux masses peuvent fort bien se trouver dans un état physique différent des deux masses M_1, M_2 qui forment la couche inférieure; en sorte que, sous la pression Π, à la température T, la couche supérieure admet un potentiel thermodynamique

$$h(m_1, m_2, \Pi, T),$$

h pouvant être une fonction analytique différente de la fonction $\mathfrak{H}$.

La fonction $\mathfrak{H}$ est homogène et du premier degré en M_1, M_2; tandis que la fonction h est homogène et du premier degré en m_1, m_2; si donc nous posons

$$(1) \qquad S = \frac{M_2}{M_1}, \qquad s = \frac{m_2}{m_1},$$

nous pouvons écrire

$$(2) \qquad \begin{cases} \dfrac{\partial \mathfrak{H}(M_1, M_2, \Pi, T)}{\partial M_1} = F_1(S, \Pi, T), \\[2mm] \dfrac{\partial \mathfrak{H}(M_1, M_2, \Pi, T)}{\partial M_2} = F_2(S, \Pi, T). \end{cases}$$

$$(2\,bis) \qquad \begin{cases} \dfrac{\partial h(m_1, m_2, \Pi, T)}{\partial m_1} = f_1(s, \Pi, T), \\[2mm] \dfrac{\partial h(m_1, m_2, \Pi, T)}{\partial m_2} = f_2(s, \Pi, T). \end{cases}$$

Si, sous la pression constante Π, à la température T, le système éprouve une modification infiniment petite quelconque, son potentiel thermodynamique augmente de

$$\delta\Phi = f_1(s, \Pi, T)\,\delta m_1 + f_2(s, \Pi, T)\,\delta m_2$$
$$+ F_1(S, \Pi, T)\,\delta M_1 + F_2(S, \Pi, T)\,\delta M_2.$$

Pour que le système soit en équilibre, il faut et il suffit que toutes les modifications virtuelles dont il est susceptible vérifient la condition

$$(3) \qquad \begin{cases} f_1(s, \Pi, T)\,\delta m_1 + f_2(s, \Pi, T)\,\delta m_2 \\ + F_1(S, \Pi, T)\,\delta M_1 + F_2(S, \Pi, T)\,\delta M_2 \geqq 0. \end{cases}$$

Si le mélange est formé de deux couches, les quatre variations δm_1, δm_2, δM_1, δM_2 sont assujetties seulement aux relations

$$\delta m_1 + \delta M_1 = 0,$$
$$\delta m_2 + \delta M_2 = 0,$$

en sorte que la condition (3) se réduit à l'égalité

$$[F_1(S, \Pi, T) - f_1(s, \Pi, T)]\,\delta M_1$$
$$+ [F_2(S, \Pi, T) - f_2(s, \Pi, T)]\,\delta M_2 = 0,$$

où δM_1, δM_2 sont arbitraires; ou, ce qui revient au même, aux égalités

$$(4) \qquad \begin{cases} f_1(s, \Pi, T) = F_1(S, \Pi, T), \\ f_2(s, \Pi, T) = F_2(S, \Pi, T). \end{cases}$$

Telles sont les conditions d'équilibre que l'on déduirait immédiatement des lois posées par M. Gibbs.

Les égalités (4) déterminent les concentrations s et S en fonction de la pression Π et de la température T; ces équations, résolues par rapport à s et à S, peuvent s'écrire

$$(5) \qquad \begin{cases} s = s(\Pi, T), \\ S = S(\Pi, T). \end{cases}$$

Ainsi, *à une température donnée, sous une pression déterminée, les deux couches en équilibre ont des concentrations déterminées, indépendantes des masses d'eau et d'éther que renferme le système.*

Les masses d'eau et d'éther que renferme chacune des deux couches sont déterminées de la manière suivante :

Soient $\mathfrak{M}_1$ la masse totale d'éther et $\mathfrak{M}_2$ la masse totale d'eau que le système renferme, nous aurons

$$(6) \qquad \begin{cases} m_1 + M_1 = \mathfrak{M}_1, \\ m_2 + M_2 = \mathfrak{M}_2, \\ m_1 s(\Pi, T) - m_2 = 0, \\ M_1 S(\Pi, T) - M_2 = 0. \end{cases}$$

L'équilibre, défini par les égalités (4), est un équilibre stable. On a, en effet,

$$\delta^2 \Phi = \frac{\partial f_1(s, \Pi, T)}{\partial s} \delta s\, \delta m_1 + \frac{\partial f_2(s, \Pi, T)}{\partial s} \delta s\, \delta m_2$$
$$+ \frac{\partial F_1(S, \Pi, T)}{\partial S} \delta S\, \delta M_1 + \frac{\partial F_2(S, \Pi, T)}{\partial S} \delta S\, \delta M_2.$$

D'autre part, on a

$$\delta s = \frac{1}{m_1}(\delta m_2 - s\, \delta m_1),$$

$$\delta S = \frac{1}{M_1}(\delta M_2 - S\, \delta M_1),$$

relations qui, jointes aux égalités

$$\frac{\partial f_1(s, \Pi, T)}{\partial s} + s \, \frac{\partial f_2(s, \Pi, T)}{\partial s} = 0,$$

$$\frac{\partial F_1(S, \Pi, T)}{\partial S} + S \, \frac{\partial F_2(S, \Pi, T)}{\partial S} = 0,$$

permettent d'écrire

$$\delta^2 \Phi = \frac{1}{m_1} \frac{\partial f_2(s, \Pi, T)}{\partial s} (\delta m_2 - s \, \delta m_1)^2 + \frac{1}{M_1} \frac{\partial F_2(S, \Pi, T)}{\partial S} (\delta M_2 - S \, \delta M_1)^2.$$

Comme l'on a

$$\frac{\partial f_2(s, \Pi, T)}{\partial s} > 0, \qquad \frac{\partial F_2(S, \Pi, T)}{\partial S} > 0,$$

on voit que l'on a

$$\delta^2 \Phi > 0,$$

ce qui vérifie le théorème énoncé.

§ III.— Déplacement de l'équilibre par les variations de température.

Supposons la pression Π maintenue constante, et cherchons comment les deux fonctions $s(\Pi, T)$, $S(\Pi, T)$ varient avec la température T.

Ces fonctions sont définies par les égalités (4) qui, différentiées, donnent

$$\frac{\partial f_1(s, \Pi, T)}{\partial s} \frac{\partial s(\Pi, T)}{\partial T} + \frac{\partial f_1(s, \Pi, T)}{\partial T}$$

$$= \frac{\partial F_1(S, \Pi, T)}{\partial S} \frac{\partial S(\Pi, T)}{\partial T} + \frac{\partial F_1(S, \Pi, T)}{\partial T},$$

$$\frac{\partial f_2(s, \Pi, T)}{\partial s} \frac{\partial s(\Pi, T)}{\partial T} + \frac{\partial f_2(s, \Pi, T)}{\partial T}$$

$$= \frac{\partial F_2(S, \Pi, T)}{\partial S} \frac{\partial S(\Pi, T)}{\partial T} + \frac{\partial F_2(S, \Pi, T)}{\partial T}.$$

Si nous tenons compte des identités

$$\frac{\partial f_1(s, \Pi, T)}{\partial s} + s \, \frac{\partial f_2(s, \Pi, T)}{\partial s} = 0,$$

$$\frac{\partial F_1(S, \Pi, T)}{\partial S} + S \, \frac{\partial F_2(S, \Pi, T)}{\partial S} = 0,$$

les égalités précédentes permettent d'écrire

$$(7)\quad\begin{cases}[S(\Pi, T) - s(\Pi, T)]\,\dfrac{\partial f_2(s, \Pi, T)}{\partial s}\,\dfrac{\partial s(\Pi, T)}{\partial T}\\[2ex]\quad = \dfrac{\partial F_1(S, \Pi, T)}{\partial T} + S\,\dfrac{\partial F_2(S, \Pi, T)}{\partial T} - \dfrac{\partial f_1(s, \Pi, T)}{\partial T} - S\,\dfrac{\partial f_2(s, \Pi, T)}{\partial T},\\[2ex][s(\Pi, T) - S(\Pi, T)]\,\dfrac{\partial F_2(S, \Pi, T)}{\partial S}\,\dfrac{\partial S(\Pi, T)}{\partial T}\\[2ex]\quad = \dfrac{\partial f_1(s, \Pi, T)}{\partial T} + s\,\dfrac{\partial f_2(s, \Pi, T)}{\partial T} - \dfrac{\partial F_1(S, \Pi, T)}{\partial T} - s\,\dfrac{\partial F_2(S, \Pi, T)}{\partial T}.\end{cases}$$

Transformons les seconds membres de ces égalités (7).

Considérons séparément l'unité de masse de chacun des corps 1 et 2, pris à l'état de pureté, soit sous la forme liquide, soit sous la forme gazeuse ; le choix est indifférent, mais ce choix une fois fait, il faut s'y tenir au cours d'une même question ; pour ne rien préjuger de ce choix, nous nommerons *forme normale* la forme choisie.

Soient donc, sous la pression Π, à la température T, $\Psi'_1(\Pi, T)$, $\Psi'_2(\Pi, T)$, le potentiel thermodynamique de masse de chacun des corps 1 et 2 à l'état normal.

Posons

$$(8)\quad\begin{cases}\chi = \dfrac{T}{E}\left(\dfrac{\partial F_1}{\partial T} + S\,\dfrac{\partial F_2}{\partial T} - \dfrac{\partial f_1}{\partial T} - S\,\dfrac{\partial f_2}{\partial T}\right),\\[2ex]X = \dfrac{T}{E}\left(\dfrac{\partial f_1}{\partial T} + s\,\dfrac{\partial f_2}{\partial T} - \dfrac{\partial F_1}{\partial T} - s\,\dfrac{\partial F_2}{\partial T}\right).\end{cases}$$

En vertu des égalités (4), nous pourrons écrire

$$(9)\quad\begin{cases}E\chi = \ \ T\left(\dfrac{\partial F_1}{\partial T} + S\,\dfrac{\partial F_2}{\partial T}\right) - (F_1 + SF_2) - T\left(\dfrac{\partial\Psi'_1}{\partial T} + S\,\dfrac{\partial\Psi'_2}{\partial T}\right) + (\Psi'_1 + S\Psi'_2)\\[2ex]\quad - T\left(\dfrac{\partial f_1}{\partial T} + s\,\dfrac{\partial f_2}{\partial T}\right) + (f_1 + sf_2) - T\left(\dfrac{\partial\Psi'_1}{\partial T} + s\,\dfrac{\partial\Psi'_2}{\partial T}\right) - (\Psi'_1 + s\Psi'_2)\\[2ex]\quad - (S - s)\left(T\,\dfrac{\partial f_2}{\partial T} - f_2 - T\,\dfrac{\partial\Psi'_2}{\partial T} + \Psi'_2\right),\\[2ex]EX = \ \ T\left(\dfrac{\partial f_1}{\partial T} + s\,\dfrac{\partial f_2}{\partial T}\right) - (f_1 + sf_2) - T\left(\dfrac{\partial\Psi'_1}{\partial T} + s\,\dfrac{\partial\Psi'_2}{\partial T}\right) + (\Psi'_1 + s\Psi'_2)\\[2ex]\quad - T\left(\dfrac{\partial F_1}{\partial T} + S\,\dfrac{\partial F_2}{\partial T}\right) + (F_1 + SF_2) + T\left(\dfrac{\partial\Psi'_1}{\partial T} + S\,\dfrac{\partial\Psi'_2}{\partial T}\right) - (\Psi'_1 + S\Psi'_2)\\[2ex]\quad - (s - S)\left(T\,\dfrac{\partial F_2}{\partial T} - F_2 - T\,\dfrac{\partial\Psi'_2}{\partial T} + \Psi'_2\right),\end{cases}$$

On prend, sous la forme normale, des masses M_1, M_2 des corps

1 et 2 à l'état de pureté, ces masses étant telles que $\frac{M_2}{M_1} = S$. On les mélange sous la pression Π, à la température T, de manière à former un fluide unique dont l'état corresponde aux fonctions F_1, F_2. Soit $(M_1 + M_2)\, Q(S, \Pi, T)$ la quantité de chaleur dégagée. Nous trouverons sans peine

$$E(M_1 + M_2)\, Q = M_1\left(T\frac{\partial F_1}{\partial T} - F_1 - T\frac{\partial \Psi'_1}{\partial T} - \Psi'_1\right)$$
$$+ M_2\left(T\frac{\partial F_2}{\partial T} - F_2 - T\frac{\partial \Psi'_2}{\partial T} - \Psi'_2\right)$$

ou bien

$$(10)\quad \left\{ \begin{aligned} E(1 + S)\, Q &= T\left(\frac{\partial F_1}{\partial T} + S\frac{\partial F_2}{\partial T}\right) - (F_1 + SF_2)\\ &\quad - T\left(\frac{\partial \Psi'_1}{\partial T} + S\frac{\partial \Psi'_2}{\partial T}\right) + \Psi'_1 + S\Psi'_2. \end{aligned} \right.$$

On prend, sous la forme normale, des masses m_1, m_2, des corps 1 et 2 à l'état de pureté, ces masses étant telles que $\frac{m_2}{m_1} = s$. On les mélange sous la pression Π, à la température T, de manière à former un fluide unique dont l'état corresponde aux fonctions f_1, f_2. Soit $(m_1 + m_2)\, q(s, \Pi, T)$ la quantité de chaleur dégagée. Nous aurons de même

$$(10\ bis)\quad \left\{ \begin{aligned} E(1 + s)\, q &= T\left(\frac{\partial f_1}{\partial T} + s\frac{\partial f_2}{\partial T}\right) - (f_1 + sf_2)\\ &\quad - T\left(\frac{\partial \Psi'_1}{\partial T} + s\frac{\partial \Psi'_2}{\partial T}\right) + \Psi'_1 + s\Psi'_2. \end{aligned} \right.$$

On prend une masse δM_2 du fluide 2 sous la forme normale ; on l'unit, sous la pression Π, à la température T, au premier mélange. Soit $L_2(S, \Pi, T)\, \delta M_2$ la quantité de chaleur dégagée. On trouve sans peine

$$(11)\qquad EL_2 = T\frac{\partial F_2}{\partial T} - F_2 - T\frac{\partial \Psi'_2}{\partial T} + \Psi'_2.$$

On prend une masse δm_2 du fluide 2 sous la forme normale ; sous la pression Π, à la température T, on l'unit au second mélange. Soit $l_2(s_2, \Pi, T)\, \delta m_2$ la quantité de chaleur dégagée. On a de même

$$(11\ bis)\qquad El_2 = T\frac{\partial f_2}{\partial T} - f_2 - T\frac{\partial \Psi'_2}{\partial T} + \Psi'_2.$$

Les égalités (9), (10), (10 *bis*), et (11) et (11 *bis*) donnent

$$(12) \qquad \begin{cases} \chi = (1+S)Q - (1+s)\,q - (S-s)\,l_2, \\ X = (1+s)\,q - (1+S)Q - (s-S)\,L_2. \end{cases}$$

Les égalités (7), (8) et (12) donnent alors

$$(13) \quad \begin{cases} \dfrac{T}{E}(S-s)\,\dfrac{\partial f_2(s,\Pi,T)}{\partial s}\,\dfrac{\partial s(\Pi,T)}{\partial T} \\ \qquad = (1+S)\,Q(S,\Pi,T) - (1+s)\,q(s,\Pi,T) - (S-s)\,l_2(s,\Pi,T), \\ \dfrac{T}{E}(s-S)\,\dfrac{\partial F_2(S,\Pi,T)}{\partial S}\,\dfrac{\partial S(\Pi,T)}{\partial T} \\ \qquad = (1+s)\,q(s,\Pi,T) - (1+S)\,Q(S,\Pi,T) - (s-S)\,L_2(S,\Pi,T). \end{cases}$$

Appliquons ces relations générales au cas où la couche de concentration S est formée par un mélange de liquides volatils, et la couche de concentration s par la vapeur mixte que fournit ce mélange liquide; supposons en outre que la température soit éloignée du point critique de chacun des deux liquides qui forment le mélange.

Prenons pour forme normale des corps 1 et 2 la forme de vapeur.

Sous la pression Π, à la température T, une masse m_1 de vapeur du corps 1 et une masse m_2 de vapeur du corps 2, se diffusant l'une dans l'autre, dégagent une quantité de chaleur $(m_1 + m_2)q$; une masse δm_2 de vapeur du corps 2, se diffusant dans une vapeur mixte de concentration s, dégage une quantité de chaleur $l_2\delta m_2$; les quantités q et l_2, qui seraient égales à o si les vapeurs se comportaient comme des gaz parfaits, sont, en général, très petites.

Prenons une masse M_1 de vapeur du corps 1 et une masse M_2 de vapeur du corps 2. Sous la pression Π, à la température T, mélangeons-les et condensons-les de manière à obtenir un fluide de masse $(M_1 + M_2)$. La chaleur dégagée a pour valeur $(M_1 + M_2)Q$. Prenons une masse δM_2 de vapeur du fluide 2; sous la pression Π, à la température T, condensons-la et mélangeons le liquide produit à un mélange liquide de concentration S. La chaleur dégagée a pour valeur $L_2\delta M_2$. Les quantités Q et L_2 sont, en général, des quantités positives ayant des valeurs notables.

Ce que nous venons de dire montre que l'on a, dans les conditions ordinaires,

$$(14) \quad (1+S)\,Q(S,\Pi,T) - (1+s)\,q(s,\Pi,T) - (S-s)\,l_2(s,\Pi,T) > o.$$

Je dis en outre que, *si s est supérieur à S*, on a

(14 *bis*) $(1+s)\,q(s, \mathrm{II}, \mathrm{T}) - (1+\mathrm{S})\,\mathrm{Q}(\mathrm{S}, \mathrm{II}, \mathrm{T}) - (s-\mathrm{S})\,\mathrm{L}_2(\mathrm{S}, \mathrm{II}, \mathrm{T}) < 0.$

Pour démontrer l'exactitude de cette dernière inégalité, il suffit de faire la somme de son premier membre et du premier membre de l'égalité (14); cette somme a pour valeur

$$(\mathrm{S} - s)\,|\,\mathrm{L}_2(\mathrm{S}, \mathrm{II}, \mathrm{T}) - l_2(s, \mathrm{II}, \mathrm{T})|,$$

quantité qui est négative si s est supérieur à S. Comme le premier membre de l'inégalité (14) est assurément positif, la somme de ce premier membre et du premier membre de l'inégalité (14 *bis*) ne peut être négative que si ce dernier est négatif, ce qui justifie l'inégalité (14 *bis*).

On sait que l'on a

$$\frac{\partial f_2(s, \mathrm{II}, \mathrm{T})}{\partial s} > 0.$$

L'inégalité (14) nous enseigne donc que $(\mathrm{S} - s)$ et $\dfrac{\partial s(\mathrm{II}, \mathrm{T})}{\partial \mathrm{T}}$ sont de même signe, d'où le théorème suivant :

Sous une pression constante, on chauffe un mélange de deux fluides volatils 1 et 2. Si, à une température donnée, la proportion du fluide 2 est plus grande dans le mélange liquide que dans la vapeur mixte, la proportion du fluide 2 augmentera dans la vapeur lorsqu'on fera croître la température; l'inverse aura lieu si, à la température considérée, la proportion du fluide 2 est plus grande dans la vapeur que dans le liquide.

L'inégalité

$$\frac{\partial \mathrm{F}_2(\mathrm{S}, \mathrm{II}, \mathrm{T})}{\partial \mathrm{S}} > 0,$$

jointe à l'égalité (13) et à l'inégalité (14 *bis*), nous donne le théorème suivant :

Sous une pression constante, on chauffe un mélange de deux fluides volatils 1 et 2; si, à une température donnée, la proportion du fluide 2 est plus grande dans la vapeur que dans le liquide, la proportion du fluide 2 dans le mélange liquide diminue lorsque la température croît.

Comme on peut toujours attribuer l'indice 2 à celui des deux fluides que la vapeur renferme en p us grande proportion, cette proposition entraine sa réciproque.

Les deux propositions que nous venons de démontrer prouvent qu'un mélange de corps volatils, chauffé sous pression constante, pourra présenter deux cas, caractérisés par les inégalités suivantes :

Premier cas.

$$S > s, \qquad \frac{\partial s}{\partial T} > 0, \qquad \frac{\partial S}{\partial T} > 0.$$

Second cas.

$$S < s, \qquad \frac{\partial s}{\partial T} < 0, \qquad \frac{\partial S}{\partial T} < 0.$$

Ces inégalités peuvent s'énoncer de la manière suivante :

Lorsqu'on chauffe sous pression constante un mélange de liquides volatils, la composition de la vapeur et la composition du liquide varient toujours dans le même sens, et cela de manière à accroître, aussi bien dans le liquide que dans la vapeur, la proportion de celui des deux fluides que la vapeur contient en moindre proportion que le liquide.

§ IV. — Déplacement de l'équilibre par les variations de pression.

Supposons maintenant que l'on maintienne constante la température T et cherchons comment les deux fonctions $s(\Pi, T)$, $S(\Pi, T)$ varient avec la pression Π.

Ces fonctions sont définies par les égalités (4) qui, différentiées, donnent

$$\frac{\partial f_1(s, \Pi, T)}{\partial s} \frac{\partial s(\Pi, T)}{\partial \Pi} + \frac{\partial f_1(s, \Pi, T)}{\partial \Pi}$$
$$= \frac{\partial F_1(S, \Pi, T)}{\partial S} \frac{\partial S(\Pi, T)}{\partial \Pi} + \frac{\partial F_1(S, \Pi, T)}{\partial \Pi},$$

$$\frac{\partial f_2(s, \Pi, T)}{\partial s} \frac{\partial s(\Pi, T)}{\partial \Pi} + \frac{\partial f_2(s, \Pi, T)}{\partial \Pi}$$
$$= \frac{\partial F_2(S, \Pi, T)}{\partial S} \frac{\partial S(\Pi, T)}{\partial \Pi} + \frac{\partial F_2(S, \Pi, T)}{\partial \Pi},$$

Si nous tenons compte des identités

$$\frac{\partial f_1(s, \Pi, T)}{\partial s} + s\,\frac{\partial f_2(s, \Pi, T)}{\partial s} = 0,$$

$$\frac{\partial F_1(S, \Pi, T)}{\partial S} + S\,\frac{\partial F_2(S, \Pi, T)}{\partial S} = 0,$$

nous déduirons, des égalités précédentes, les égalités

$$(15)\quad\begin{cases}(S-s)\,\dfrac{\partial f_2(s, \Pi, T)}{\partial s}\,\dfrac{\partial s(\Pi, T)}{\partial \Pi}\\[2ex]\quad=\dfrac{\partial F_1(S, \Pi, T)}{\partial \Pi}+S\,\dfrac{\partial F_2(S, \Pi, T)}{\partial \Pi}-\dfrac{\partial f_1(s, \Pi, T)}{\partial \Pi}-S\,\dfrac{\partial f_2(s, \Pi, T)}{\partial \Pi},\\[2ex](s-S)\,\dfrac{\partial F_2(S, \Pi, T)}{\partial S}\,\dfrac{\partial S(\Pi, T)}{\partial \Pi}\\[2ex]\quad=\dfrac{\partial f_1(s, \Pi, T)}{\partial \Pi}+s\,\dfrac{\partial f_2(s, \Pi, T)}{\partial \Pi}-\dfrac{\partial F_1(S, \Pi, T)}{\partial \Pi}-s\,\dfrac{\partial F_2(S, \Pi, T)}{\partial \Pi}.\end{cases}$$

Soient $V(S, \Pi, T)$, $v(s, \Pi, T)$ les volumes spécifiques des deux couches fluides; nous aurons

$$(16)\quad\begin{cases}\dfrac{\partial F_1(S, \Pi, T)}{\partial \Pi}+S\,\dfrac{\partial F_2(S, \Pi, T)}{\partial \Pi}=(1+S)V(S, \Pi, T),\\[2ex]\dfrac{\partial f_1(s, \Pi, T)}{\partial \Pi}+s\,\dfrac{\partial f_2(s, \Pi, T)}{\partial \Pi}=(1+s)\,v(s, \Pi, T).\end{cases}$$

Nous aurons également

$$(17)\quad\begin{cases}\dfrac{\partial F_2(S, \Pi, T)}{\partial \Pi}=V(S, \Pi, T)+(1-S)\,\dfrac{\partial V(S, \Pi, T)}{\partial S},\\[2ex]\dfrac{\partial f_2(s, \Pi, T)}{\partial \Pi}=v(s, \Pi, T)+(1+s)\,\dfrac{\partial v(s, \Pi, T)}{\partial s}.\end{cases}$$

En vertu des égalités (15), (16) et (17), nous aurons

$$(18)\quad\begin{cases}(S-s)\,\dfrac{\partial f_2(s, \Pi, T)}{\partial s}\,\dfrac{\partial s(\Pi, T)}{\partial \Pi}\\[2ex]\quad=(1+S)\,V(S, \Pi, T)-(1+s)\,v(s, \Pi, T)\\[2ex]\qquad-(S-s)\left[v(s, \Pi, T)+(1+s)\,\dfrac{\partial v(s, \Pi, T)}{\partial s}\right],\\[2ex](s-S)\,\dfrac{\partial F_2(S, \Pi, T)}{\partial S}\,\dfrac{\partial S(\Pi, T)}{\partial \Pi}\\[2ex]\quad=(1+s)\,v(s, \Pi, T)-(1+S)\,V(S, \Pi, T)\\[2ex]\qquad-(s-S)\left[V(S, \Pi, T)+(1+S)\,\dfrac{\partial V(S, \Pi, T)}{\partial S}\right].\end{cases}$$

Appliquons ces égalités à la vaporisation d'un mélange de liquides volatils, la température étant supposée très inférieure au point critique de chacun de ces liquides; dans ces conditions, le volume spécifique $v(s, \Pi, T)$ de la vapeur mixte est certainement très grand par rapport au volume spécifique $V(S, \Pi, T)$ du mélange liquide, en sorte que l'on a

$$(19) \quad \begin{cases} (1 + s)v(s, \Pi, T) - (1 + S)V(S, \Pi, T) \\ \quad - (s - S)\left[V(S, \Pi, T) + (1 + S)\dfrac{\partial V(S, \Pi, T)}{\partial S} \right] > 0. \end{cases}$$

Si l'on observe en outre que l'on a

$$\frac{\partial F_2(S, \Pi, T)}{\partial S} > 0,$$

on voit que, d'après la seconde égalité (18), les deux quantités $(s - S)$ et $\dfrac{\partial S(\Pi, T)}{\partial \Pi}$ sont de même signe; d'où le théorème suivant :

A une température constante et sous des pressions variables, on étudie un mélange des fluides 1 et 2. Si, sous une pression donnée, la proportion du fluide 2 est plus grande dans la vapeur que dans le liquide, la proportion du fluide 2 dans le mélange liquide ira en augmentant par un accroissement de pression; l'inverse aura lieu si la proportion du fluide 2 est moindre dans la vapeur que dans le liquide.

Si à une vapeur mixte de masse $(m_1 + m_2)$ on ajoute une masse δm_2 de la vapeur du fluide 2, la vapeur mixte étant, au début de l'expérience et à la fin, prise sous la pression Π, à la température T, le volume du mélange subit un accroissement

$$\left[v(s, \Pi, T) + (1 + s)\frac{\partial v(s, \Pi, T)}{\partial s} \right] \delta m_2.$$

Nous pouvons admettre que cet accroissement est toujours positif. On a donc

$$v(s, \Pi, T) + (1 + s)\frac{\partial v(s, \Pi, T)}{\partial s} > 0,$$

et, par conséquent, *toutes les fois que S est supérieur à s,*

$$(19\ bis)\ \left\{ \begin{array}{l} (1 + S)\,V(S, \Pi, T) - (1 + s)\,v(s, \Pi, T) \\[2mm] -(S - s)\left[v(s, \Pi, T) + (1 + s)\,\dfrac{\partial v(s, \Pi, T)}{\partial s} \right] < 0. \end{array} \right.$$

Si l'on se reporte à la première égalité (18) et si l'on observe que l'on a

$$\frac{\partial f_2(s, \Pi, T)}{\partial s} > 0,$$

on voit que, toutes les fois que l'on a $(S - s) > 0$, on a

$$\frac{\partial s(\Pi, T)}{\partial \Pi} < 0.$$

D'où le théorème suivant :

A une température constante et sous des pressions variables, on étudie un mélange des fluides 1 et 2. Si, sous une pression donnée, la proportion du fluide 2 est plus grande dans le liquide que dans la vapeur, un accroissement de pression fait décroître la proportion du fluide 2 dans la vapeur mixte.

Comme nous pouvons toujours attribuer l'indice 2 au fluide que le liquide contient en plus grande proportion que la vapeur, nous voyons sans peine qu'une semblable proposition entraîne cette autre :

Si la proportion du fluide 2 est moindre dans le liquide que dans la vapeur, un accroissement de vapeur fait croître la proportion du fluide 2 dans la vapeur mixte.

Ces propositions nous montrent, en premier lieu, que deux cas peuvent se présenter lorsqu'un mélange liquide est, à température constante, en présence de sa vapeur mixte. Ces deux cas sont caractérisés par les inégalités suivantes :

Premier cas.

$$S > s, \qquad \frac{\partial s(\Pi, T)}{\partial \Pi} < 0, \qquad \frac{\partial S(\Pi, T)}{\partial \Pi} < 0.$$

Second cas.

$$S < s, \qquad \frac{\partial s(\Pi, T)}{\partial \Pi} > 0, \qquad \frac{\partial S(\Pi, T)}{\partial \Pi} > 0.$$

Ces inégalités conduisent à la proposition suivante :

A une température donnée, un mélange de liquides volatils est placé en présence de sa vapeur mixte; sous chaque pression, la composition du liquide et la composition de la vapeur sont déterminées; un accroissement de pression fait varier ces deux compositions; elles varient toutes deux dans le même sens, et cela de manière à accroître aussi bien dans le liquide que dans la vapeur la proportion de celui des deux fluides que la vapeur contient en plus grande proportion que le liquide.

Il importe de se souvenir que ces théorèmes, aussi bien que ceux qui ont été énoncés au paragraphe précédent, supposent les liquides pris à grande distance du point critique; ils s'appliquent également, comme on le voit sans peine, à la dissolution d'un gaz dans un liquide volatil, pourvu que le liquide soit pris à une température éloignée du point critique.

Les théorèmes que nous allons démontrer au paragraphe suivant sont, au contraire, entièrement généraux et ne supposent aucune approximation.

§ V. — Théorèmes de Gibbs et Konowalow.

Imaginons que la pression Π garde une valeur constante donnée; les relations (4) permettront de déterminer s et T en fonction de S; s'il s'agit d'un mélange de liquides volatils, T sera *le point d'ébullition* du mélange liquide de composition S et s *la composition de la vapeur qui distille sous la pression* Π, *à la température* T. Cherchons comment varie T lorsque l'on fait varier S.

Les égalités (4), différentiées, donnent

$$(20)\begin{cases} \dfrac{\partial f_1(s, \Pi, T)}{\partial s}\dfrac{ds}{dS} + \left[\dfrac{\partial f_1(s, \Pi, T)}{\partial T} - \dfrac{\partial F_1(S, \Pi, T)}{\partial T}\right]\dfrac{dT}{dS} = \dfrac{\partial F_1(S, \Pi, T)}{\partial S}, \\[3ex] \dfrac{\partial f_2(s, \Pi, T)}{\partial s}\dfrac{ds}{dS} + \left[\dfrac{\partial f_2(s, \Pi, T)}{\partial T} - \dfrac{\partial F_2(S, \Pi, T)}{\partial T}\right]\dfrac{dT}{dS} = \dfrac{\partial F_2(S, \Pi, T)}{\partial S}. \end{cases}$$

Ajoutons membre à membre ces deux égalités, après avoir multiplié les deux membres de la seconde par S, en tenant compte des identités

$$\frac{\partial f_1(s, \Pi, T)}{\partial s} + s \frac{\partial f_2(s, \Pi, T)}{\partial s} = 0,$$

$$\frac{\partial F_1(S, \Pi, T)}{\partial S} + S \frac{\partial F_2(S, \Pi, T)}{\partial S} = 0.$$

Nous trouverons l'égalité

$$(S - s) \frac{\partial f_2(s, \Pi, T)}{\partial s} \frac{ds}{dS}$$

$$= \left[\frac{\partial F_1(S, \Pi, T)}{\partial T} + S \frac{\partial F_2(S, \Pi, T)}{\partial T} - \frac{\partial f_1(s, \Pi, T)}{\partial T} - S \frac{\partial f_2(s, \Pi, T)}{\partial T} \right] \frac{dT}{dS}.$$

Cette égalité peut se transformer, au moyen des égalités (8) et (12), en

$$(21) \quad \begin{cases} (S - s) \dfrac{\partial f_2(s, \Pi, T)}{\partial s} \dfrac{ds}{dS} \\[2mm] \quad = \dfrac{E}{T} \left[(1 + S) Q(S, \Pi, T) - (1 + s) q(s, \Pi, T) + (S - s) l_2(s, \Pi, T) \right] \dfrac{dT}{dS}. \end{cases}$$

La quantité $\frac{\partial f_2}{\partial s}$ est essentiellement positive; l'égalité (21) nous enseigne donc que, pour que l'on ait $\frac{dT}{dS} = 0$, il faut et il suffit que l'on ait ou bien $(S - s) = 0$ ou bien $\frac{ds}{dS} = 0$. D'ailleurs, les deux égalités

$$\frac{ds}{dS} = 0, \qquad \frac{dT}{dS} = 0,$$

sont incompatibles; car, si elles étaient toutes deux vérifiées, les égalités (20) donneraient

$$\frac{\partial F_1(S, \Pi, T)}{\partial S} = 0, \qquad \frac{\partial F_2(S, \Pi, T)}{\partial S} = 0,$$

tandis que l'on a assurément

$$\frac{\partial F_1(S, \Pi, T)}{\partial S} < 0, \qquad \frac{\partial F_2(S, \Pi, T)}{\partial S} > 0.$$

Donc, pour que l'on ait

$$\frac{dT}{dS} = 0,$$

il faut et il suffit que l'on ait l'égalité

$$S - s = 0.$$

Ainsi nous pourrons énoncer le théorème suivant :

Sous une pression donnée, nous étudions l'équilibre de mélanges fluides formés de deux couches ; si nous nous donnons la concentration S d'une de ces couches, il faudra, pour l'équilibre, que la concentration s de l'autre couche et que la température aient des valeurs déterminées ; si l'on fait varier la concentration S de la première couche, la température d'équilibre variera ; pour qu'elle passe par un maximum, il sera nécessaire et suffisant que la composition de la seconde couche devienne identique à la composition de la première.

Pour éclairer ce théorème par un exemple, appliquons-le au cas où l'une des deux couches est formée par un mélange de liquides volatils et l'autre couche par la vapeur mixte qu'émet ce mélange ; nous obtiendrons la proposition suivante :

Sous une pression déterminée, la composition du mélange liquide détermine le point d'ébullition et la composition de la vapeur qui distille ; pour que la composition du mélange liquide fasse prendre au point d'ébullition une valeur maxima ou minima, il faut et il suffit que la composition de la vapeur qui distille soit identique à la composition du mélange liquide.

Prenons maintenant un mélange fluide, séparé en deux couches, et maintenu à une température constante T ; faisons varier arbitrairement la concentration S de l'une des deux couches ; il faudra, pour l'équilibre, faire correspondre à chaque valeur de S une valeur déterminée de la concentration s de la seconde couche et une valeur déterminée de la pression Π, ces valeurs étant données par les égalités (4). Cherchons comment la valeur de la pression Π varie avec S.

Les équations (4) nous donnent, par différentiation,

$$(22) \quad \begin{cases} \dfrac{\partial f_1(s, \Pi, T)}{\partial s}\dfrac{ds}{dS} + \left[\dfrac{\partial f_1(s, \Pi, T)}{\partial \Pi} - \dfrac{\partial F_1(S, \Pi, T)}{\partial \Pi}\right]\dfrac{d\Pi}{dS} = \dfrac{\partial F_1(S, \Pi, T)}{\partial S}, \\[3ex] \dfrac{\partial f_2(s, \Pi, T)}{\partial s}\dfrac{ds}{dS} + \left[\dfrac{\partial f_2(s, \Pi, T)}{\partial \Pi} - \dfrac{\partial F_2(S, \Pi, T)}{\partial \Pi}\right]\dfrac{d\Pi}{dS} = \dfrac{\partial F_2(S, \Pi, T)}{\partial S}. \end{cases}$$

Ajoutons membre à membre ces équations, après avoir multiplié les deux membres de la seconde par S, et tenons compte des identités

$$\frac{\partial f_1(s,\,\Pi,\,T)}{\partial s} + s\,\frac{\partial f_2(s,\,\Pi,\,T)}{\partial s} = 0,$$

$$\frac{\partial F_1(S,\,\Pi,\,T)}{\partial S} + S\,\frac{\partial F_2(S,\,\Pi,\,T)}{\partial S} = 0.$$

Nous trouverons

$$(S - s)\frac{\partial f_2(s,\,\Pi,\,T)}{\partial s}\frac{ds}{dS}$$
$$= \left[\frac{\partial F_1(S,\,\Pi,\,T)}{\partial \Pi} + S\frac{\partial F_2(S,\,\Pi,\,T)}{\partial \Pi} - \frac{\partial f_1(s,\,\Pi,\,T)}{\partial \Pi} - S\frac{\partial f_2(s,\,\Pi,\,T)}{\partial \Pi}\right]\frac{d\Pi}{dS},$$

ou bien, en vertu des égalités (16) et (17),

$$(23) \quad \begin{cases} (S - s)\dfrac{\partial f_2(s,\,\Pi,\,T)}{\partial s}\dfrac{ds}{dS} \\[2mm] = \Big\{(1 + S)V(S,\,\Pi,\,T) - (1 + s)v(s,\,\Pi,\,T) \\[2mm] \quad - (S - s)\Big[v(s,\,\Pi,\,T) + (1 + s)\dfrac{\partial v(s,\,\Pi,\,T)}{\partial s}\Big]\Big\}\dfrac{d\Pi}{dS}. \end{cases}$$

La quantité $\frac{\partial f_2}{\partial s}$ étant essentiellement positive, cette égalité (23) nous démontre que, pour que l'on ait $\frac{d\Pi}{dS} = 0$, il est nécessaire et suffisant que l'on ait ou bien $\frac{ds}{dS} = 0$, ou bien $(S - s) = 0$. Or les deux égalités

$$\frac{ds}{dS} = 0, \qquad \frac{d\Pi}{dS} = 0$$

sont incompatibles; car, si elles avaient lieu toutes deux en même temps, les égalités (22) entraîneraient les égalités

$$\frac{\partial F_1(S,\,\Pi,\,T)}{\partial S} = 0, \qquad \frac{\partial F_2(S,\,\Pi,\,T)}{\partial S} = 0,$$

que l'on sait être inadmissibles.

Donc, pour que l'on ait

$$\frac{d\Pi}{dS} = 0,$$

il faut et **il** suffit que l'on ait

$$S - s = o.$$

D'où le théorème suivant :

A une température donnée, nous étudions les conditions d'équilibre d'un mélange formé de deux couches; si nous nous donnons la concentration S de l'une des deux couches, il faudra, pour l'équilibre, que la concentration s de l'autre couche et la pression Π aient des valeurs déterminées. Si l'on fait varier la concentration S de la première couche, la pression qui assure l'équilibre varie; pour que cette pression passe par un maximum ou un minimum, il faut et il suffit que la concentration de la seconde couche devienne égale à la concentration de la première.

Appliquons ce théorème au cas où la première couche est un mélange de liquides volatils et la seconde couche la vapeur mixte qui surmonte ce mélange; la pression Π sera alors la tension de cette vapeur saturée, et le théorème précédent deviendra :

A une température déterminée, un mélange liquide de composition donnée sera en équilibre s'il est surmonté d'une vapeur mixte de composition déterminée et si la tension de cette vapeur a une valeur déterminée; la tension de cette vapeur saturée varie avec la composition du mélange liquide; pour qu'elle soit maximum ou minimum, il faut et il suffit que la composition de la vapeur devienne identique à la composition du liquide.

Les deux théorèmes fondamentaux que nous venons de démontrer ont été brièvement indiqués dès 1875 par M. J.-W. Gibbs [1]; plus tard, ils ont été retrouvés par M. Konowalow [2].

---

[1] J.-W. GIBBS, *On the equilibrium of heterogeneous substances* (*Trans. of Connecticut Academy*, t. III, p. 155; 1875). — *Thermodynamische Studien*, p. 117. — P. DUHEM, *Ueber ein Theorem von J.-W. Gibbs* (*Zeitschrift für physikalische Chemie*, t. VIII, p. 337; 1891).

[2] D. KONOWALOW, *Ueber die Dampfspannungen der Flüssigkeitsgemischen* (*Wiedemann's Annalen*, t. IV, p. 48; 1881).

§ VI. — Conséquences expérimentales. Recherches de M. Roscoë.

Les deux théorèmes précédents sont exacts sans aucune approximation. Nous allons maintenant en déduire des conséquences qui sont exactes seulement pour les liquides pris à une grande distance de leur point critique.

Reprenons l'équation (21); elle peut s'écrire

$$(24) \quad \begin{cases} (S - s) \dfrac{\partial f_2(s, \Pi, T)}{\partial s} \dfrac{\dfrac{\partial s(\Pi, T)}{\partial T}}{\dfrac{\partial S(\Pi, T)}{\partial T}} \\[2em] = \dfrac{E}{T}[(1 + S) Q(S, \Pi, T) - (1 + s) q(s, \Pi, T) \\[1em] \qquad\qquad - (S - s) l_2(s, \Pi, T)] \dfrac{dT}{dS}. \end{cases}$$

Si les liquides considérés sont étudiés à une température très inférieure au point critique de chacun d'eux, nous savons, en vertu du théorème démontré au § III, que $\dfrac{\partial s(\Pi, T)}{\partial T}$ et $\dfrac{\partial S(\Pi, T)}{\partial T}$ sont toujours de même signe, en sorte que l'on a

$$\frac{\dfrac{\partial s(\Pi, T)}{\partial T}}{\dfrac{\partial S(\Pi, T)}{\partial T}} > 0.$$

Nous savons aussi que l'on a

$$(14) \quad (1 + S) Q(S, \Pi, T) - (1 + s) q(s, \Pi, T) - (S - s) l_2(s, \Pi, T) > 0.$$

Comme la quantité $\dfrac{\partial f_2(s, \Pi, T)}{\partial s}$ est essentiellement positive, l'égalité (24) conduit au théorème suivant :

$\dfrac{dT}{dS}$ *est toujours de même signe que* $(S - s)$.

Prenons de même l'égalité (23) qui peut s'écrire

$$(25) \quad \begin{cases} (S-s)\dfrac{\partial f_2(s,\Pi,T)}{\partial s}\dfrac{\dfrac{\partial s(\Pi,T)}{\partial \Pi}}{\dfrac{\partial S(\Pi,T)}{\partial \Pi}} \\[2em] = \Big\{ (1+S)V(S,\Pi,T)-(1+s)v(s,\Pi,T) \\[1em] \quad -(S-s)\Big[v(s,\Pi,T)+(1+s)\dfrac{\partial v(s,\Pi,T)}{\partial s}\Big]\Big\}\dfrac{d\Pi}{dS}. \end{cases}$$

Ce que nous avons vu au § III nous montre que

$$\frac{\partial s(\Pi,T)}{\partial \Pi} \quad \text{et} \quad \frac{\partial S(\Pi,T)}{\partial \Pi}$$

sont toujours de même signe, en sorte que l'on a

$$\frac{\dfrac{\partial s(\Pi,T)}{\partial \Pi}}{\dfrac{\partial S(\Pi,T)}{\partial \Pi}} > 0.$$

D'autre part, on peut toujours attribuer l'indice 2 à celui des deux fluides que le liquide renferme en plus grande proportion que la vapeur. On a alors

$$S-s > 0$$

et aussi

$$(19\,bis) \quad \begin{cases} (1+S)V(S,\Pi,T)-(1+s)v(s,\Pi,T) \\[1em] \quad -(S-s)\Big[v(s,\Pi,T)+(1+s)\dfrac{\partial v(s,\Pi,T)}{\partial s}\Big] < 0. \end{cases}$$

Par conséquent, lorsque $(S-s)$ est positif, $\dfrac{d\Pi}{dS}$ est négatif.

Il est facile de voir que la réciproque est vraie.

Supposons, en effet, que l'on ait

$$S-s < 0.$$

Permutons les indices 1 et 2; attribuons l'indice 1 au fluide qui portait l'indice 2 et inversement; les concentrations de la vapeur et du liquide deviendront σ et Σ; on aura évidemment

$$\sigma = \frac{1}{s}, \qquad \Sigma = \frac{1}{S},$$

et, par conséquent,

$$\Sigma - \sigma > 0,$$

ce qui donnera, en vertu du théorème précédent,

$$\frac{d\Pi}{d\Sigma} < 0.$$

Mais

$$\frac{d\Pi}{dS} = \frac{d\Pi}{d\Sigma}\frac{d\Sigma}{dS} = -\frac{1}{S^2}\frac{d\Pi}{d\Sigma}.$$

On aura donc, dans le cas où $(S - s)$ est négatif,

$$\frac{d\Pi}{dS} > 0.$$

C. Q. F. D.

Nous pouvons dès lors énoncer le théorème suivant :

$\dfrac{d\Pi}{dS}$ *est toujours de signe contraire à* $(S - s)$.

Le premier des deux théorèmes que nous venons de démontrer va nous permettre d'étudier la distillation d'un mélange de liquides volatils.

Nous supposerons un mélange de liquides volatils soumis à une pression constante Π, et nous imaginerons que la vapeur fournie par ce mélange distille; nous admettrons en outre que la distillation soit réglée de telle sorte que la température T du mélange liquide et la composition s de la vapeur qu'il émet soient sensiblement égales, à chaque instant, à la température qui assurerait l'équilibre d'un mélange liquide de même composition, soumis à la pression Π et à la composition de la vapeur qui surmonterait ce mélange. En d'autres termes, si Π est la pression constante sous laquelle a lieu la distillation, si T est la température à l'instant t, si S est la composition du mélange liquide au même instant, enfin si s est la composition de la vapeur émise par le liquide entre les instants t et $t + dt$, ces quatre variables Π, T, S, s sont liées à chaque instant par les équations (4) et (6).

Nous aurons évidemment

$$\begin{cases} \dfrac{dT}{dt} = \dfrac{dT}{dS}\dfrac{dS}{dt}, \\[2ex] \dfrac{ds}{dt} = \dfrac{ds}{dS}\dfrac{dS}{dt}. \end{cases}$$

26

D'ailleurs l'égalité

$$S = \frac{M_2}{M_1}$$

donne

$$(27) \qquad \frac{dS}{dt} = \frac{1}{M_1}\left(\frac{dM_2}{dt} - S\,\frac{dM_1}{dt}\right).$$

Dans le temps dt, le liquide a fourni une masse dm_1 de vapeur du corps 1 et une masse dm_2 de vapeur du corps 2; ces masses vérifient les relations

$$dm_1 = -dM_1,$$
$$dm_2 = -dM_2,$$
$$dm_2 = s\,dm_1,$$

qui donnent à l'égalité (27) la forme

$$(28) \qquad \frac{dS}{dt} = \frac{1}{M_1}(S - s)\,\frac{dm_1}{dt}.$$

Les égalités (26) deviennent alors

$$(29) \qquad \begin{cases} \dfrac{dT}{dt} = \dfrac{1}{M_1}(S - s)\,\dfrac{dT}{dS}\,\dfrac{dm_1}{dt}, \\[2mm] \dfrac{ds}{dt} = \dfrac{1}{M_1}(S - s)\,\dfrac{ds}{dS}\,\dfrac{dm_1}{dT}. \end{cases}$$

Pour qu'il y ait distillation, il faut que la quantité $\frac{dm_1}{dt}$ soit positive; dès lors, $\frac{dS}{dt}$ est de même signe que $(S - s)$.

Ce que nous avons vu au § II nous montre que

$$\frac{ds}{dS} = \frac{\dfrac{\partial S(\Pi, T)}{\partial T}}{\dfrac{\partial s(\Pi, T)}{\partial T}}$$

est toujours positif; la première égalité (29) montre donc que $\frac{ds}{dt}$ est de même signe que $(S - s)$.

Enfin nous venons de voir que $\frac{dT}{dS}$ était toujours de même signe que $(S - s)$; donc, si $(S - s)$ est différent de O, $\frac{dT}{dt}$ est positif; $\frac{dT}{dt}$ s'annule si $S - s$ est égal à zéro.

Ces résultats obtenus, prenons sous une pression constante Π un mélange de liquides volatils. Supposons qu'à la température initiale, la vapeur n'ait pas la même composition que le mélange liquide. Soumettons cette vapeur à la distillation. La température va tout d'abord s'élever; la composition du liquide et la composition de la vapeur varieront toutes deux dans le même sens; elles varieront de manière à raréfier sans cesse, dans le liquide aussi bien que dans la vapeur, le corps qu'à la température initiale la vapeur renfermait en plus forte proportion que le liquide.

Deux cas sont à distinguer : ou bien on n'atteindra jamais un instant où la composition de la vapeur et la composition du liquide soient identiques, ou bien on atteindra un pareil instant.

Dans le premier cas, la température continuera à croître; la composition du liquide et celle de la vapeur continueront à varier dans le sens que nous avons indiqué jusqu'à ce que tout le liquide renfermé dans l'appareil ait distillé.

Dans le second cas, à partir du moment où l'on aura $S - s = o$, on aura, en vertu des égalités (28) et (29),

$$\frac{dS}{dt} = o, \qquad \frac{ds}{dt} = o, \qquad \frac{dT}{dt} = o.$$

Le point d'ébullition deviendra fixe, ainsi que la composition de la vapeur et la composition du liquide. *A partir de ce moment, le mélange distillera comme un corps unique, de composition définie.*

Cette distillation offrira, avec la distillation d'un composé défini, une seule différence; quelle que soit la pression sous laquelle on effectue la distillation d'un composé défini, la vapeur qui distille a toujours la même composition; *ici, au contraire, la vapeur qui distille lorsque le point d'ébullition est devenu invariable, a une composition qui dépend, en général, de la pression.*

Pendant longtemps, on a ainsi décrit certains mélanges d'acides et d'eau comme des hydrates de composition définie, parce que, soumis à la distillation sous la pression atmosphérique, ils avaient un point d'ébullition fixe, et que le liquide qui passait à la distillation avait une composition identique à celle du liquide soumis à la distillation. MM. Roscoë et Dittmar (¹) ont prouvé que l'on avait affaire, non à des composés définis, mais à des mélanges de liquides volatils, en montrant que la composition du mélange qui offre un point d'ébullition fixe sous une pression fixe changeait lorsqu'on changeait la valeur de cette pression fixe. M. Konowalow a montré la relation qui existait entre les recherches de M. Roscoë et les siennes.

CHAPITRE II.

ÉTAT CRITIQUE DES MÉLANGES DOUBLES.

§ I. — Ligne critique d'un mélange double.

Considérons un mélange double tel que le mélange formé par l'éther et l'eau, ou bien encore le mélange formé par l'eau et la nicotine (¹); étudions un semblable mélange sous une pression constante Π, par exemple la pression d'une atmosphère.

Soit T une température où, sous la pression Π, le mélange peut se séparer en deux couches; soit $s(\Pi, T)$ la concentration que présente une de ces deux couches, *la moins concentrée;* soit $S(\Pi, T)$ la concentration que présente l'autre couche, *la plus concentrée;* en vertu des conventions que nous établissons ici, on a

$$S(\Pi, T) > s(\Pi, T).$$

A la température T, pour toute valeur de la concentration x inférieure à $s(\Pi, T)$, on peut observer le mélange liquide à l'état de véritable équilibre, sous la forme qui constitue la première couche; on peut encore, en général, l'observer à l'état de faux équilibre pour des concentrations supérieures à $s(\Pi, T)$; soit

(¹) Roscoë et Dittmar, *Ueber die Absorption des Chlorwasserstoffs und des Ammoniaks in Wasser* (*Liebig's Annalen*, t. CXII, p. 327; 1859). — Roscoë, *Ueber die Zusammensetzung der wässerigen Säuren von constantem Siedepunkt* (*Ibid.*, t. CXVI, p. 203; 1860).

(²) H. Le Chatelier, *Sur les lois de la dissolution* (*Comptes rendus*, t. C, p. 441; 1885).

$\sigma(\Pi, T)$ la concentration maxima pour laquelle, à la température T, la première couche puisse exister; nous aurons, par définition,

$$\sigma(\Pi, T) \geqq s(\Pi, T).$$

Pour toutes les valeurs de x comprises entre zéro et $\sigma(\Pi, T)$, les deux fonctions que nous avons désignées par $f_1(x, \Pi, T)$, $f_2(x, \Pi, T)$ sont des fonctions analytiques uniformes de x, vérifiant les inégalités

$$(1) \qquad \frac{\partial f_1(x, \Pi, T)}{\partial x} < 0, \qquad \frac{\partial f_2(x, \Pi, T)}{\partial x} > 0.$$

À la température T, pour toute valeur de la concentration x supérieure à $S(\Pi, T)$, on peut observer le mélange liquide à l'état de véritable équilibre sous la forme qui constitue la deuxième couche; on peut encore, en général, l'observer à l'état de faux équilibre pour des concentrations inférieures à $S(\Pi, T)$; soit $\Sigma(\Pi, T)$ la concentration maxima pour laquelle, à la température T, la seconde couche puisse exister; nous aurons, par définition,

$$\Sigma(\Pi, T) < S(\Pi, T).$$

Pour toutes les valeurs de x comprises entre $\Sigma(\Pi, T)$ et $+\infty$, les deux fonctions que nous avons désignées par $F_1(x, \Pi, T)$ et $F_2(x, \Pi, T)$ sont des fonctions analytiques uniformes de x, vérifiant les inégalités

$$(1\,bis) \qquad \frac{\partial F_1(x, \Pi, T)}{\partial x} < 0, \qquad \frac{\partial F_2(x, \Pi, T)}{\partial x} > 0.$$

Nous avons, en outre [Chapitre I, égalités (4)]

$$(2) \qquad \begin{cases} f_1(s, \Pi, T) = F_1(S, \Pi, T), \\ f_2(s, \Pi, T) = F_2(S, \Pi, T). \end{cases}$$

Si nous portons les valeurs de la concentration x en abscisses et les valeurs de f_1 ou de F_1 en ordonnées, la fonction f_1 sera, à une température donnée T et sous une pression donnée Π, représentée par la courbe $\Psi_1' f_1$ (*fig.* 1); la fonction F_1 sera représentée par la courbe $F_1' F_1$. OΨ_1' représente le potentiel thermodynamique $\Psi_1'(\Pi, T)$ de l'unité de masse du liquide 1 à l'état de pureté. Les deux segments Cf'_1 et F'_1C' correspondent à des mélanges à l'état de faux équilibre.

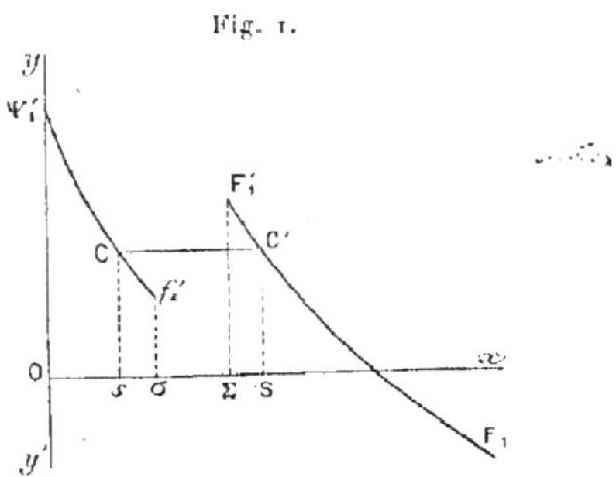

Fig. 1.

La fonction f_2 sera, sous une pression donnée Π et à une température donnée T, représentée par la courbe Of'_2 (*fig.* 2); la

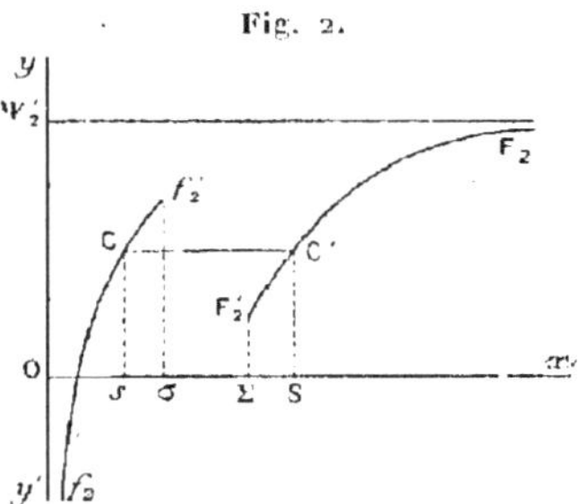

Fig. 2.

fonction F_2 sera représentée par la courbe F'_2F_2. Celle-ci admet une asymptote horizontale dont l'ordonnée $O\Psi'_2$ est égale au potentiel thermodynamique sous pression constante $\Psi'_2(\Pi, T)$ de l'unité de masse du liquide 2 à l'état de pureté.

Dans un plan, prenons pour abscisses les températures T et pour ordonnées les concentrations x (*fig.* 3). Traçons les quatre courbes

$$ss' \quad \text{dont l'équation est} \quad x = s(\Pi, T),$$
$$SS' \quad \text{dont l'équation est} \quad x = S(\Pi, T),$$
$$\sigma\sigma' \quad \text{dont l'équation est} \quad x = \sigma(\Pi, T),$$
$$\Sigma\Sigma' \quad \text{dont l'équation est} \quad x = \Sigma(\Pi, T).$$

Prenons un point de coordonnées T, x.

Si ce point est au-dessous de $\sigma\sigma'$ (régions 1 et 2), on pourra, à la température T, observer un mélange homogène de concentra-

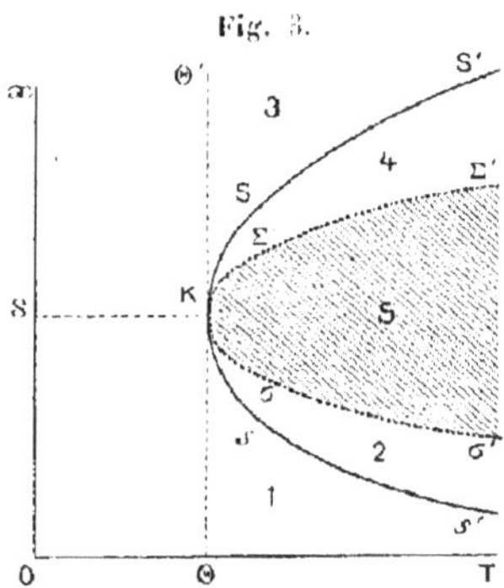

tion x, au sein duquel les corps 1 et 2 auront pour fonctions potentielles thermodynamiques $f_1(x, \Pi, T)$ et $f_2(x, \Pi, T)$. Ce mélange sera à l'état d'équilibre véritable si le point (T, x) est dans la région 1, située au-dessous de ss'; il sera à l'état de faux équilibre, si le point (T, x) est dans la région 2, située entre ss' et $\sigma\sigma'$.

Si le point (T, x) est au-dessus de $\Sigma\Sigma'$ (régions 1 et 4), on pourra, à la température T, observer un mélange homogène de concentration x, au sein duquel les corps 1 et 2 auront pour fonctions potentielles thermodynamiques $F_1(x, \Pi, T)$, $F_2(x, \Pi, T)$. Ce mélange sera à l'état d'équilibre véritable si le point (T, x) est dans la région 3, située au-dessus de SS'; il sera à l'état de faux équilibre, si le point (T, x) est dans la région 4, située entre SS' et $\Sigma\Sigma'$.

Admettons qu'à chaque température T, *la fonction* $\Sigma(\Pi, T)$ *soit supérieure à la fonction* $\sigma(\Pi, T)$; la courbe $\Sigma\Sigma'$ sera alors tout entière au-dessus de la courbe $\sigma\sigma'$; entre ces deux courbes, existera une région que nous désignerons par l'indice 5. Si le point (T, x) se trouve dans la région 5, il n'existera, à la température T, aucun mélange liquide ayant pour concentration x.

Lorsque la température T varie, les fonctions $S(\Pi, T)$, $s(\Pi, T)$ varient. Si nous prenons, par exemple, un mélange d'eau et de

nicotine à une température notablement supérieure à 100°, et si
nous abaissons graduellement la température de ce mélange, la
fonction $s(\Pi, T)$ va sans cesse en croissant, tandis que la fonction $S'(\Pi, T)$ va sans cesse en décroissant; lorsque la température tend vers une certaine valeur Θ qui, pour l'exemple étudié
est d'environ $+100°$ C., ces deux fonctions tendent vers une
limite commune s.

Aux températures inférieures à Θ, l'eau et la nicotine se mélangent en toutes proportions; le mélange, toujours homogène,
quelle que soit la concentration, offre des propriétés qui varient
d'une manière continue lorsque la concentration x varie de 0 à
$+\infty$. On peut donc admettre que, dans ce mélange, les deux
liquides 1 et 2 ont pour fonctions potentielles thermodynamiques
des fonctions $\varphi_1(x, \Pi, T)$, $\varphi_2(x, \Pi, T)$, qui sont analytiques et
uniformes dans tout le champ des variations de x (de 0 à $+\infty$)
et qui vérifient, en tout point de ce champ, les inégalités

$$(1\ ter)\qquad \frac{\partial \varphi_1(x, \Pi, T)}{\partial x} < 0, \qquad \frac{\partial \varphi_2(x, \Pi, T)}{\partial x} > 0.$$

Pour $x = 0$, la fonction $\varphi_1(x, \Pi, T)$ devient identique à la fonction $\Psi'_1(\Pi, T)$; pour $x = +\infty$, la fonction $\varphi_2(x, \Pi, T)$ devient
identique à la fonction $\Psi'_2(\Pi, T)$.

La fonction $\varphi_1(x, \Pi, T)$ sera représentée, dans le plan des (x, φ_1),
par une courbe analogue à la courbe $\varphi_1 \varphi'_1$ (*fig.* 4).

Fig. 4.

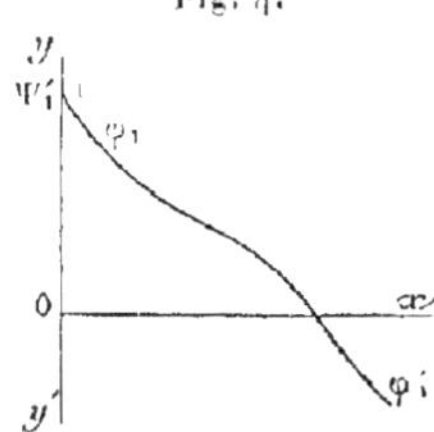

La fonction $\varphi_2(\Pi, T)$ sera représentée, dans le plan des (x, φ_2),
par une courbe analogue à la courbe $\varphi_2 \varphi'_2$ (*fig.* 5).

Que l'on considère soit une couche dont la concentration x est
inférieure à $\sigma(\Pi, T)$, soit une couche dont la concentration x est
supérieure à $\Sigma(\Pi, T)$, ces couches tendent d'une manière continue

vers le mélange homogène dont nous venons de parler, ce qui conduit à formuler l'HYPOTHÈSE FONDAMENTALE que voici :

Les deux fonctions $f_1(x, \Pi, T)$, $F_1(x, \Pi, T)$ définies, aux températures supérieures à Θ, se prolongent analytiquement,

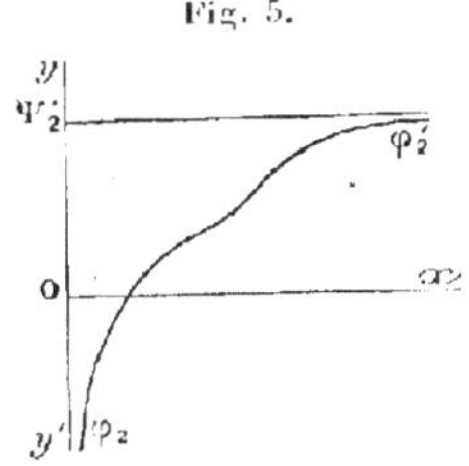

Fig. 5.

aux températures inférieures à Θ, par une seule et même fonction $\varphi_1(x, \Pi, T)$.

Les deux fonctions $f_2(x, \Pi, T)$, $F_2(x, \Pi, T)$ se prolongent analytiquement, aux températures inférieures à Θ, par une seule et même fonction $\varphi_2(x, \Pi, T)$.

Nous donnerons à la température Θ, qui peut dépendre de la pression constante Π sous laquelle on opère, le nom de *température critique du mélange sous la pression* Π.

Lorsque la température T tend vers la température critique Θ par valeurs supérieures à Θ, les deux quantités $s(\Pi, T)$, $S(\Pi, T)$ tendent vers une limite commune $s(\Pi)$ que nous nommerons la *concentration critique du mélange sous la pression* Π.

Prenons trois axes de coordonnées rectangulaires, et portons sur ces axes les concentrations x, les températures T et les pressions Π ; les équations

$$(3) \qquad \begin{cases} T = \Theta(\Pi), \\ x = S(\Pi) \end{cases}$$

représenteront une courbe rapportée à ces axes ; nous donnerons à cette courbe le nom de *courbe critique du mélange*.

Nous avons supposé, en traçant la *fig.* 3, que les deux courbes

SS' et *ss'* admettaient une tangente verticale au point $K(\Theta, s)$, c'est-à-dire que l'on avait

$$\lim \left[\frac{\partial S(\Pi, T)}{\partial T} \right]_{T=\Theta} = -\infty,$$

$$\lim \left[\frac{\partial s(\Pi, T)}{\partial T} \right]_{T=\Theta} = +\infty.$$

Ce que l'on sait de la continuité entre l'état liquide et l'état gazeux porte à admettre, par analogie, l'exactitude de cette hypothèse; toutefois, elle n'est nullement indispensable et nous n'en ferons pas usage; l'expérience seule peut nous indiquer quelle en est la valeur.

M. Wladimir Alexejew ([1]), qui a étudié un grand nombre de mélanges doubles, a montré que l'expérience confirmait bien l'existence de cette tangente verticale au point K.

Les courbes $\sigma\sigma'$ et $\Sigma\Sigma'$ viennent nécessairement passer au point K. Nous avons admis, en traçant la *fig*. 3, qu'elles admettaient toutes deux, en ce point, une tangente verticale; cette hypothèse, comme la précédente, n'est pas indispensable.

Le mélange d'eau et de nicotine n'est dédoublable en deux couches distinctes qu'aux températures qui surpassent la température critique relative à la pression sous laquelle on opère; aux températures inférieures, le mélange demeure homogène quelle qu'en soit la composition; il en est de même des mélanges d'éther et d'eau, d'acide acétique et de benzine ([2]).

Au contraire, les mélanges d'acide sulfureux liquide et d'acide carbonique liquide ([3]) présentent eux aussi, sous chaque pression, une température critique; mais c'est aux températures inférieures à cette température critique qu'ils sont dédoublables en deux couches; aux températures supérieures, ils demeurent homogènes

([1]) W. ALEXEJEW, *Ueber Lösungen* (*Wiedemann's Annalen*, t. XXVIII, p. 3o5; 1886).

([2]) DUCLAUX, *Sur les équilibres moléculaires dans les mélanges de liquides; nouveaux thermomètres à minima et à maxima* (*Journal de Physique*, 1ʳᵉ série, t. V, p. 13; 1876).

([3]) R. PICTET, *Nouvelle machine frigorifique, fondée sur l'emploi de phénomènes physico-chimiques* (*Comptes rendus*, t. C, p. 329; 1885).

quelle que soit leur composition; pour de semblables mélanges, la *fig.* 3 doit être remplacée par un tracé tel que la *fig.* 6.

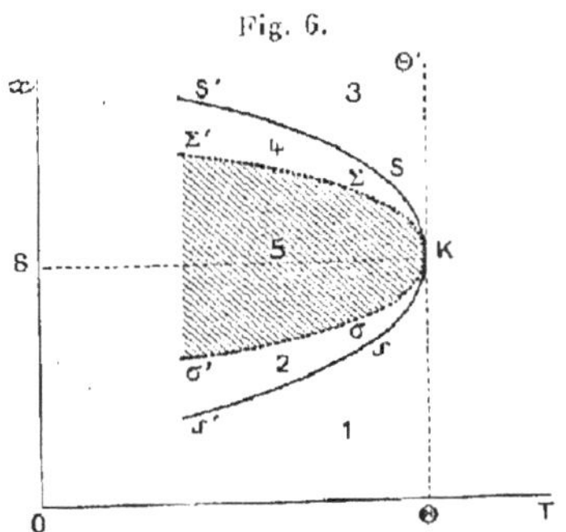

Fig. 6.

Il en est de même de la plupart des mélanges doubles étudiés par M. Alexejew.

Ce cas prête d'ailleurs aux mêmes considérations que le précédent.

§ II. — Hypothèse analogue à l'hypothèse de James Thomson.

Ce que nous venons de dire rappelle si complètement le *premier principe de la continuité entre l'état liquide et l'état gazeux* (¹) ou *principe d'Andrews*, que l'on est naturellement conduit à chercher s'il ne serait pas possible d'énoncer, au sujet des phénomènes qui nous occupent, une proposition analogue au *second principe de la continuité entre l'état liquide et l'état gazeux* ou *principe de James Thomson*. On reconnaît sans peine que l'HYPOTHÈSE qui doit jouer ici le même rôle que ce principe est la suivante :

En tout point de la région que nous avons nommée 5, il existe une fonction $g_1(x, \Pi, T)$ qui prolonge analytiquement les fonctions $f_1(x, \Pi, T)$, $F_1(x, \Pi, T)$; il existe une fonc-

---

(¹) P. DUHEM, *Sur la continuité entre l'état liquide et l'état gazeux et sur la théorie générale des vapeurs* (*Travaux et Mémoires des Facultés de Lille*, t. I, n° 5; 1891).

tion $g_2(x, \Pi, T)$ qui prolonge analytiquement les fonctions $f_2(x, \Pi, T)$, $F_2(x, \Pi, T)$. Ces deux fonctions $g_1(x, \Pi, T)$, $g_2(x, \Pi, T)$ ont un sens purement mathématique; elles ne représentent pas les fonctions potentielles des corps 1 et 2 en des états réalisables du mélange.

Cette hypothèse peut encore s'énoncer sous la forme suivante :

Il existe deux fonctions analytiques $\psi_1(x, \Pi, T)$, $\psi_2(x, \Pi, T)$, définies pour toutes les valeurs positives de x et de T.

Du côté de la température critique où le mélange n'est pas dédoublable, les deux fonctions $\psi_1(x, \Pi, T)$, $\psi_2(x, \Pi, T)$ coïncident respectivement avec les fonctions $\varphi_1(x, \Pi, T)$, $\varphi_2(x, \Pi, T)$.

Du côté de la température critique où le mélange est dédoublable, $\psi_1(x, \Pi, T)$ coïncide avec $f_1(x, \Pi, T)$ dans les régions 1 et 2, avec $F_1(x, \Pi, T)$ dans les régions 3 et 4, avec $g_1(x, \Pi, T)$ dans la région 5; $\psi_2(x, \Pi, T)$ coïncide avec $f_2(x, \Pi, T)$ dans les régions 1 et 2, avec $F_2(x, \Pi, T)$ dans les régions 3 et 4, avec $g_2(x, \Pi, T)$ dans la région 5.

En résumé, dans toute région où le point figuratif (T, x) représente un état réalisable du mélange, les fonctions $\psi_1(x, \Pi, T)$, $\psi_2(x, \Pi, T)$ coïncident respectivement avec les fonctions potentielles thermodynamiques des corps 1 et 2 au sein de ce mélange.

Pour toute valeur positive de x et de T, on doit avoir

$$(4) \qquad \frac{\partial \psi_1(x, \Pi, T)}{\partial x} + x \frac{\partial \psi_2(x, \Pi, T)}{\partial x} = 0.$$

Nous savons, en effet, que cette égalité est vérifiée toutes les fois que le point (T, x) représente un état réalisable du mélange; la fonction

$$\frac{\partial \psi_1(x, \Pi, T)}{\partial x} + x \frac{\partial \psi_2(x, \Pi, T)}{\partial x},$$

qui est une fonction analytique de x et de T pour toute valeur positive de ces variables, est donc nulle en tout point extérieur à la région 5; il en résulte qu'elle est nulle aussi pour tout point de la région 5.

La température et la pression gardant des valeurs constantes, proposons-nous de tracer, dans le plan des (x, y), les deux courbes

$$y = \psi_1(x, \Pi, T),$$
$$y = \psi_2(x, \Pi, T).$$

Si la température T est située, par rapport à la température critique relative à la pression sous laquelle on opère, du côté où le mélange demeure homogène quelle que soit sa composition, ces courbes sont représentées par les *fig.* 4 et 5 sur lesquelles il n'y a pas lieu de revenir.

Supposons la température T située du côté de la température critique où le mélange est susceptible de se séparer en deux couches.

La *fig.* 1 nous fait connaître la forme de deux parties de la courbe

$$y = \psi_1(x, \Pi, T);$$

mais, puisque cette courbe est une courbe analytique pour toute valeur positive de x, un arc continu doit relier le point f'_1 au point F'_1; c'est cet arc dont il s'agit de préciser la forme.

Au point f'_1, la fonction $\psi_1(x, \Pi, T)$ décroît lorsque x croît, car l'on sait que l'on a

$$\frac{\partial f_1(x, \Pi, T)}{\partial x} < 0.$$

De même, au point F'_1, la fonction $\psi_1(x, \Pi, T)$ décroît lorsque x croît, car on a

$$\frac{\partial F_1(x, \Pi, T)}{\partial x} < 0.$$

D'ailleurs, au point f'_1, on a certainement

$$\psi_1(x, \Pi, T) < f_1(s, \Pi, T);$$

au point F'_1, on a certainement

$$\psi_1(x, \Pi, T) > F_1(S, \Pi, T).$$

Enfin, on sait que

$$f_1(s, \Pi, T) = F_1(S, \Pi, T).$$

Ces renseignements suffisent à prouver qu'entre $x = \sigma$ et $x = \Sigma$, il existe au moins une valeur λ de x qui rend $\psi_1(x, \Pi, T)$ minimum et une valeur λ' de x qui rend $\Psi_1(x, \Pi, T)$ maximum; en sorte que la forme la plus simple que l'on puisse attribuer à la courbe

$$y = \psi_1(x, \Pi, T),$$

est la forme représentée par la *fig.* 7.

Fig. 7.

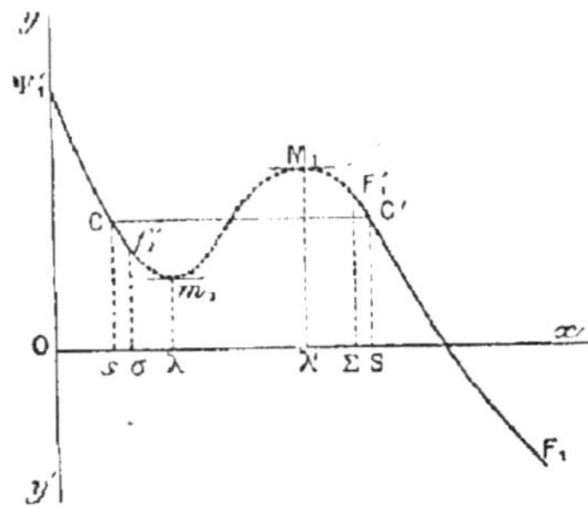

La *fig.* 2 nous fait connaître la forme de deux parties de la courbe

$$y = \psi_2(x, \Pi, T).$$

La fonction ψ_2 étant une fonction analytique pour toute valeur positive de x, un arc continu doit relier le point f'_2 au point F'_2; cherchons la forme de cet arc.

Au point f'_2, la fonction $\psi_2(x, \Pi, T)$ est croissante avec x, car on a

$$\frac{\partial f_2(x, \Pi, T)}{\partial x} > 0.$$

Au point F'_2, la fonction $\psi_2(x, \Pi, T)$ est encore croissante avec x, car on a

$$\frac{\partial F_2(x, \Pi, T)}{\partial x} > 0.$$

D'ailleurs, au point f'_2, on a certainement

$$\psi_2(x, \Pi, T) > f_2(s, \Pi, T);$$

au point F'_2, on a certainement

$$\psi_2(x, \Pi, T) < F_2(S, \Pi, T).$$

On a enfin

$$f_2(s, \Pi, T) = F_2(S, \Pi, T).$$

Ces renseignements nous montrent qu'entre $x = \sigma$ et $x = \Sigma$, il existe au moins une valeur λ de x pour laquelle ψ_2 devient maximum et une valeur λ' de x pour laquelle ψ_2 devient minimum. La forme la plus simple que l'on puisse attribuer à la courbe

$$y = \psi_2(x, \Pi, T)$$

est la forme représentée par la *fig.* 8.

Fig. 8.

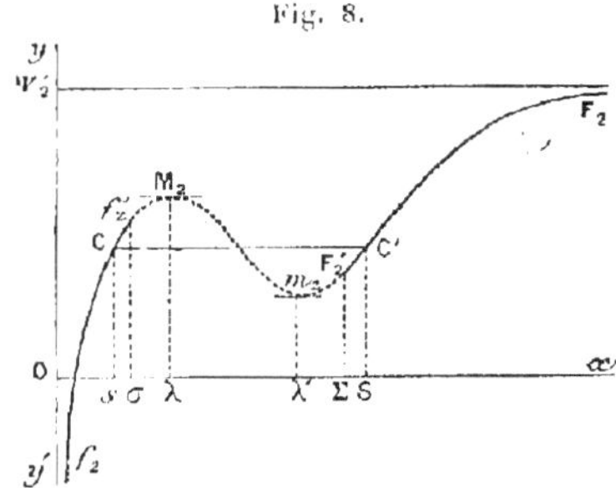

La valeur λ de x qui rend $\psi_1(x)$ maximum est aussi celle qui rend $\psi_2(x)$ minimum; la valeur λ' de x qui rend $\psi_1(x)$ minimum est aussi celle qui rend $\psi_2(x)$ maximum.

Ce théorème découle immédiatement de l'équation (4).

Pour toutes les valeurs de x comprises entre $x = \lambda$ et $x = \lambda'$, on a

$$\frac{\partial \psi_1(x, \Pi, T)}{\partial x} > 0, \qquad \frac{\partial \psi_2(x, \Pi, T)}{\partial x} < 0.$$

Ces inégalités nous montrent clairement que les fonctions ψ_1, ψ_2 ne sont pas, pour ces valeurs de x, les fonctions potentielles thermodynamiques des corps 1 et 2 au sein d'un mélange réalisable de ces deux corps.

Si nous considérons, en effet, un mélange réalisable de ces deux corps, il faudra, pour la stabilité de ce mélange, que les fonctions potentielles thermodynamiques de ces deux corps vérifient les inégalités, inverses des précédentes,

$$\frac{\partial \psi_1(x, \Pi, T)}{\partial x} < 0, \qquad \frac{\partial \psi_2(x, \Pi, T)}{\partial x} > 0.$$

La courbe

$$y = \psi_1(x, \Pi, T),$$

relative à une température T située du côté de $\Theta(\Pi)$ où le mélange demeure toujours homogène, a, avec une droite horizontale, au plus une rencontre, comme le montre la *fig.* 4; la même courbe, tracée pour une température située de l'autre côté de Θ, a avec l'horizontale CC′ trois rencontres (*fig.* 7), dont les abscisses ont pour valeurs respectives s, S, et une valeur intermédiaire entre s et S.

Lorsque la température T tend vers Θ, ces trois points tendent vers un point unique, d'abscisse $x = s$. Si donc nous traçons la courbe

$$y = \psi_1(x, \Pi, \Theta),$$

elle aura au point K_1, dont l'abscisse est $x = s$, trois rencontres confondues avec une horizontale; en d'autres termes, le point K_1 sera un point d'inflexion avec tangente horizontale (*fig.* 9).

Fig. 9.

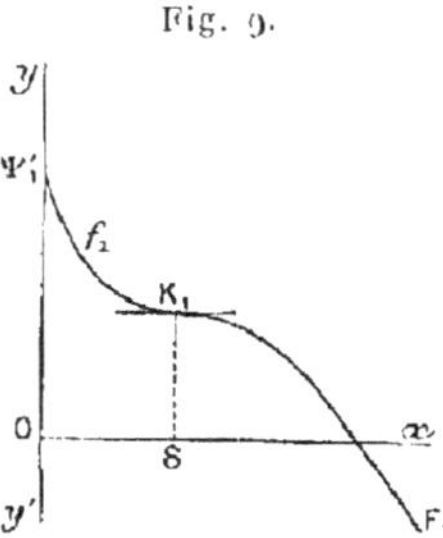

On voit dès lors sans peine que, sous la pression Π, la température critique $\Theta(\Pi)$ et la concentration critique $s(\Pi)$ seront déterminées par les deux équations

$$(5) \qquad \begin{cases} \dfrac{\partial}{\partial s} \psi_1(s, \Pi, \Theta) = 0, \\[2mm] \dfrac{\partial^2}{\partial s^2} \psi_1(s, \Pi, \Theta) = 0. \end{cases}$$

Ces équations (5) représentent la *ligne critique* rapportée aux axes Ox, $O\Pi$, OT.

On verra d'une manière semblable que le point K_2, d'abscisse $x = \mathcal{S}$ est, pour la courbe

$$y = \psi_2(x, \Pi, \Theta),$$

un point d'inflexion à tangente horizontale (*fig.* 10); en sorte que,

Fig. 10.

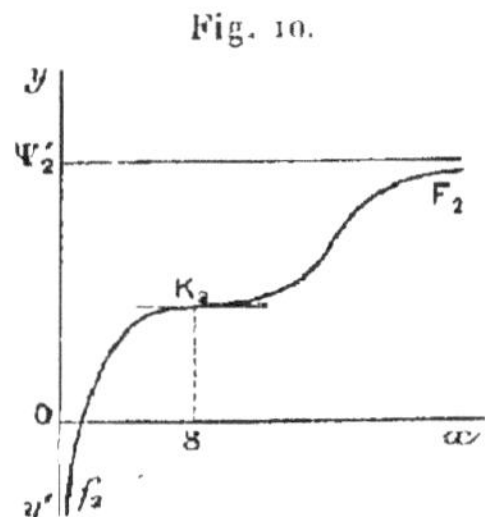

sous la pression Π, la température critique $\Theta(\Pi)$ et la concentration critique $\mathcal{S}(\Pi)$ seront déterminées par les deux équations

$$(5\ bis) \qquad \begin{cases} \dfrac{\partial}{\partial \mathcal{S}} \psi_2(\mathcal{S}, \Pi, \Theta) = 0, \\[2mm] \dfrac{\partial^2}{\partial \mathcal{S}^2} \psi_2(\mathcal{S}, \Pi, \Theta) = 0. \end{cases}$$

Ces équations (5 *bis*) représentent, comme les équations (5), la ligne critique du mélange. D'ailleurs, l'identité (4) montre sans peine que les équations (5 *bis*) sont équivalentes aux équations (5).

Le théorème que nous venons d'établir est analogue à un théorème donné par M. Sarrau et qui permet de déterminer les constantes critiques d'un fluide unique.

§ III. — Proposition analogue au théorème de Clausius.

Considérons (*fig.* 11) la courbe

$$y = \psi_2(x, \Pi, T),$$

relative à une température T située du côté de la température critique Θ où le mélange est dédoublable; traçons la parallèle à l'axe des x dont l'ordonnée constante Y est égale à la commune valeur de $f_2(s, \Pi, T)$ et de $F_2(S, \Pi, T)$.

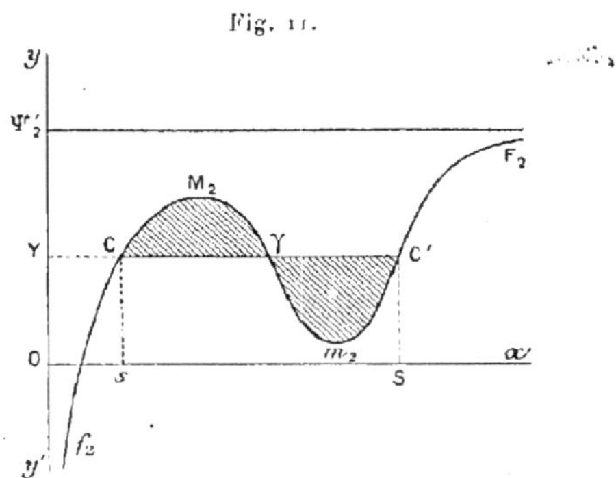

Fig. 11.

Cette droite rencontre la courbe en trois points : le point C, d'abscisse s; le point C', d'abscisse S; enfin, un point γ, compris entre les points C et C'.

Entre cette droite et la courbe, sont comprises deux aires closes : l'une, l'aire $CM_2\gamma C$, située au-dessus de la droite; l'autre $\gamma m_2 C'\gamma$, située au-dessous de la droite; je dis que *ces deux aires sont égales entre elles*.

On voit aisément que l'on a

$$(6) \qquad \text{aire } CM_2\gamma C - \text{aire } \gamma m_2 C'\gamma = \int_s^S \psi_2(x, \Pi, T)\, dx - Y(S - s).$$

Mais on a

$$Y = f_2(s, \Pi, T) = F_2(S, \Pi, T),$$

en sorte que l'on peut écrire

$$(7) \qquad Y(S - s) = S F_2(S, \Pi, T) - s f_2(s, \Pi, T).$$

D'autre part, une intégration par parties permet d'écrire

$$\int_s^S \psi_2(x, \Pi, T)\, dx = \left[x\, \psi_2(x, \Pi, T) \right]_s^S - \int_s^S x\, \frac{\partial \psi_2(x, \Pi, T)}{\partial x}\, dx,$$

ou bien, en vertu de l'égalité (4),

$$(8) \qquad \int_s^S \psi_2(x, \Pi, T)\, dx = \left| x\,\psi_2(x, \Pi, T)\right|_s^S + \int_s^S \frac{\partial\,\psi_1(x, \Pi, T)}{\partial x}\, dx.$$

Mais on a

$$(9) \qquad \left[x\psi_2(x, \Pi, T)\right]_s^S = S F_2(S, \Pi, T) - s f_2(s, \Pi, T).$$

On a aussi

$$\int_s^S \frac{\partial\,\psi_1(x, \Pi, T)}{\partial x}\, dx = F_1(S, \Pi, T) - f_1(s, \Pi, T),$$

ou bien, en vertu de la première égalité (2),

$$(10) \qquad \int_s^S \frac{\partial\,\psi_1(x, \Pi, T)}{\partial x}\, dx = 0.$$

En vertu des égalités (9) et (10), l'égalité (8) devient

$$(11) \qquad \int_s^S \psi_2(x, \Pi, T)\, dx = S F_2(S, \Pi, T) - s f_2(s, \Pi, T).$$

Les égalités (6), (7) et (11) donnent l'égalité

$$\text{aire } C M_2 \gamma\, C = \text{aire } \gamma\, m_2\, C'\gamma,$$

en sorte que le théorème énoncé est démontré.

Ce théorème montre que, si l'on connaît, pour une certaine pression Π et une certaine température T, la courbe

$$y = \psi_2(x, \Pi, T),$$

on pourra déterminer les concentrations $s(\Pi, T)$, $S(\Pi, T)$ des deux couches en lesquelles le mélange peut se décomposer sous la pression Π, à la température T.

Le théorème que nous venons de démontrer est analogue au théorème découvert par Clausius, qui permet de déterminer, à une température donnée, la tension d'une vapeur saturée, le volume spécifique de cette vapeur et le volume spécifique du liquide soumis à la tension de vapeur saturée.

Cette analogie entre le théorème précédent et le théorème de Clausius deviendra plus saisissante encore si, à la place de la fonction $\psi_2(x, \Pi, T)$, on introduit la *pression osmotique*.

Imaginons que l'on ait une cloison perméable au fluide 2 et imperméable au fluide 1. Cette cloison sépare un mélange de concentration x, porté à la température T et soumis à la pression Π d'un espace que remplit le fluide 2, à l'état de pureté, porté à la même température T. Pour assurer l'équilibre, il faudra soumettre ce fluide à une pression Π' qui sera une fonction des trois variables x, Π, T. Cette pression Π' est déterminée par l'égalité [1]

$$(12) \qquad \Psi'_2(\Pi, T) - \psi_2(x, \Pi, T) = \int_{\Pi'}^{\Pi} u_2(\varpi, T)\, d\varpi,$$

$u_2(\varpi, T)$ étant le volume spécifique du fluide 2 à l'état de pureté, soumis à la pression ϖ et porté à la température T.

Imaginons que l'on soumette à l'action de la pesanteur une colonne du fluide 2 portée à la température T; pour que la pression ait la valeur Π au niveau inférieur de cette colonne et la valeur Π' au niveau supérieur, il faut que cette colonne ait une hauteur H donnée par l'égalité

$$(13) \qquad H = \frac{1}{g} \int_{\Pi'}^{\Pi} u_2(\varpi, T)\, d\varpi,$$

où g représente l'intensité de la pesanteur. Cette hauteur H dépend de T, Π, Π', par conséquent de T, Π, x; nous la désignerons par $H(x, \Pi, T)$. Nous conviendrons de dire que *cette hauteur $H(x, \Pi, T)$ représente la pression osmotique mesurée en colonne du fluide 2*.

Les égalités (12) et (13) nous permettent d'écrire

$$(14) \qquad H(x, \Pi, T) = \frac{1}{g} [\Psi'_2(\Pi, T) - \psi_2(x, \Pi, T)].$$

Imaginons que l'on maintienne constantes la pression Π sup-

---

[1] P. DUHEM, *Dissolutions et mélanges;* premier Mémoire : *L'équilibre et le mouvement des fluides mélangés*, Chapitre VII, égalité (29) (*Travaux et Mémoires des Facultés de Lille*, t. I, n° 2 : 1893). À l'endroit cité, le fluide pour lequel la cloison est perméable est affecté de l'indice 1.

portée par le mélange et la température T; faisons croître de o à $+\infty$ le rapport $\dfrac{\partial\mathcal{R}_2}{\partial\mathcal{R}_1}$ de la masse totale du corps 2 à la masse totale du corps 1 dans le mélange; cherchons comment varie la quantité $H(x, \Pi, T)$.

Tant que le rapport $x = \dfrac{\partial\mathcal{R}_2}{\partial\mathcal{R}_1}$ demeure inférieur à $s(\Pi, T)$, le mélange demeure homogène; la fonction $\psi_2(x, \Pi, T)$, qui coïncide avec $f_2(x, \Pi, T)$, croît avec x; la fonction $y = H(x, \Pi, T)$ diminue lorsque x croît; elle est représentée par la branche de courbe AB ($fig.$ 12).

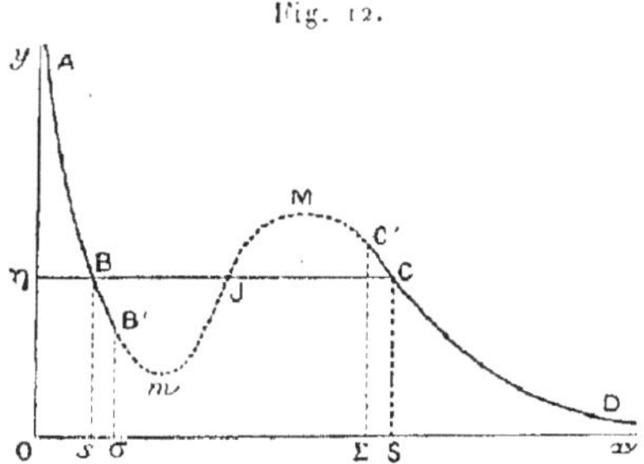

Fig. 12.

Lorsque le rapport $x = \dfrac{\partial\mathcal{R}_2}{\partial\mathcal{R}_1}$ atteint, puis dépasse la valeur $s(\Pi, T)$, le mélange se sépare en deux couches, l'une de concentration $s(\Pi, T)$, l'autre de concentration $S(\Pi, T)$. Chacune de ces couches ayant une composition constante, la quantité $H(x, \Pi, T)$ garde, pour chacune d'elles, une valeur invariable; en outre, il est aisé de voir que ces deux valeurs invariables sont égales entre elles; en effet, la première est

$$\frac{1}{g}\left[\Psi_2(\Pi, T) - f_2(S, \Pi, T)\right];$$

la seconde est

$$\frac{1}{g}\left[\Psi_2(\Pi, T) - F_2(S, \Pi, T)\right],$$

et, en vertu de la seconde égalité (2),

$$f_2(s, \Pi, T) - F_2(S, \Pi, T).$$

Si donc on pose

$$(15) \quad \begin{cases} \eta = \dfrac{1}{g}\left[\Psi'_2(\Pi, T) - f_2(s, \Pi, T)\right] \\[2mm] = \dfrac{1}{g}\left[\Psi'_2(\Pi, T) - F_2(S, \Pi, T)\right], \end{cases}$$

on voit que, lorsque x varie de $s(\Pi, T)$ à $S(\Pi, T)$, la fonction $y = H(x, \Pi, T)$ est représentée par la droite BC d'ordonnée constamment égale à η.

Lorsque x atteint, puis surpasse la valeur $S(\Pi, T)$, le mélange redevient homogène ; $\psi_2(x, \Pi, T)$, qui coïncide avec $F_2(x, \Pi, T)$, croît avec x et tend vers $\Psi'_2(\Pi, T)$ lorsque x croît au delà de toute limite ; la fonction $y = H(x, \Pi, T)$ décroît lorsque x croît et tend vers zéro lorsque x augmente au delà de toute limite ; elle est représentée par la branche de courbe CD.

La première couche peut être observée, à l'état de faux équilibre, pour des concentrations comprises entre s et σ ; les valeurs correspondantes de $y = H(x, \Pi, T)$ sont représentées par l'arc de courbe BB'.

La seconde couche peut être observée, à l'état de faux équilibre, pour des concentrations comprises entre Σ et S ; les valeurs correspondantes de $y = H(x, \Pi, T)$ sont représentées par l'arc de courbe C'C.

Si l'on considère uniquement les états réalisables du mélange, aucun arc de courbe ne relie le point B' au point C'. Mais nous savons que la fonction $\psi(x, \Pi, T)$ existe même pour des valeurs de x comprises entre σ et Σ qui ne correspondent à aucun état homogène du mélange.

Si, pour ces valeurs de x, nous définissons la fonction $H(x, \Pi, T)$ par l'égalité

$$H(x, \Pi, T) = \frac{1}{g}\left[\Psi'_2(\Pi, T) - \psi_2(x, \Pi, T)\right],$$

les valeurs de cette fonction seront représentées par un arc de courbe continu reliant le point B' au point C'. Cet arc présentera un point d'ordonnée minima, m ; un point d'ordonnée η, J ; un point d'ordonnée maxima, M.

Je dis que *l'aire BmJB est égale à l'aire JMCJ.*

On a, en effet,

$$\text{aire JMCJ} - \text{aire B}m\text{JB} = \int_{s}^{S} \text{H}(x, \Pi, \text{T})\, dx - \eta(\text{S} - s),$$

ou bien, en vertu des égalités (14) et (15),

$$g\,(\text{aire JMCJ} - \text{aire B}m\text{JB})$$

$$= \int_{s}^{S} [\Psi_{2}'(\Pi, \text{T}) - \Psi_{2}(x, \Pi, \text{T})]\, dx - [\Psi_{2}'(\Pi, \text{T}) - \text{F}_{2}(\text{S}, \Pi, \text{T})]\text{S}$$

$$+ [\Psi_{2}'(\Pi, \text{T}) - f_{2}(s, \Pi, \text{T})]\,s$$

$$= \int_{s}^{S} \Psi_{2}'(\Pi, \text{T})\, dx - \Psi_{2}'(\Pi, \text{T})(\text{S} - s)$$

$$- \int_{s}^{S} \psi_{2}(x, \Pi, \text{T})\, dx + \text{F}_{2}(\text{S}, \Pi, \text{T})\text{S} - f_{2}(s, \Pi, \text{T})s.$$

Mais nous avons évidemment

$$\int_{s}^{S} \Psi_{2}'(\Pi, \text{T})\, dx - \Psi_{2}'(\Pi, \text{T})(\text{S} - s) = 0,$$

et, d'autre part, nous avons démontré il y a un instant que l'on avait

$$\int_{s}^{S} \psi_{2}(x, \Pi, \text{T})\, dx - \text{F}_{2}(\text{S}, \Pi, \text{T})\text{S} + f_{2}(s, \Pi, \text{T})s = 0.$$

Nous avons donc

$$\text{aire JMCJ} - \text{aire B}m\text{JB} = 0,$$

ce qui démontre le théorème énoncé.

§ IV. — Influence de la température sur un mélange
de deux fluides.

Traçons (*fig.* 13), aux diverses températures T, T_{1}, ..., les courbes

$$y = \psi_{2}(x, \Pi, \text{T}),$$

$$y_{1} = \psi_{2}(x, \Pi, \text{T}_{1}),$$

$$\ldots\ldots\ldots\ldots\ldots\ldots;$$

sur la première courbe, marquons les deux points C et C' qui ont pour abscisses $s(\Pi, T)$ et $S(\Pi, T)$; ces deux points sont sur une même parallèle à Ox; sur la seconde courbe, marquons les deux

Fig. 13.

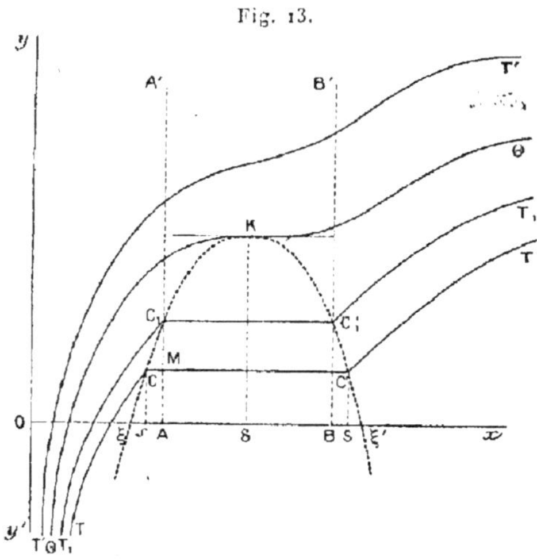

points C_1 et C'_1 qui ont pour abscisses $s(\Pi, T_1)$ et $S(\Pi, T_1)$; ces deux points sont encore sur une même parallèle à Ox, ... Nommons *isotherme relative à la température* T l'ensemble de la courbe $y = f_2(x, \Pi, T)$, de la courbe $y = F_2(x, \Pi, T)$, et de la droite CC'.

Traçons le lieu ξCC_1 des points d'abscisse $s(\Pi, T)$ sur ces diverses courbes et le lieu $\xi' C' C'_1$ des points d'abscisse $S(\Pi, T)$. Ces deux courbes viendront se raccorder tangentiellement à une parallèle à Ox, en un point K. Ce point d'abscisse $s(\Pi)$ est celui où la courbe

$$y = \psi_2(x, \Pi, \theta)$$

admet un point d'inflexion à tangente horizontale.

Cela posé, mélangeons deux masses $\mathfrak{M}_1$, $\mathfrak{M}_2$ des corps 1 et 2, et proposons-nous d'étudier les phénomènes que présentera le mélange lorsque la température variera; pour fixer les idées, supposons qu'il s'agisse d'un mélange, comme le mélange d'éther et d'eau, ou comme le mélange d'eau et de nicotine, qui est séparable en deux couches aux températures supérieures au point critique Θ.

Les phénomènes que nous observerons dépendent de la valeur donnée au rapport $x = \dfrac{\mathfrak{M}_2}{\mathfrak{M}_1}$.

1° Supposons le rapport $x = \dfrac{\mathfrak{M}_2}{\mathfrak{M}_1}$ inférieur à $S(\Pi)$, mais assez voisin de $S(\Pi)$ pour que la droite AA', qui a pour abscisse constante x, soit en partie intérieure à la courbe $\xi K \xi'$.

Cette droite rencontre la courbe $\xi K \xi'$ en un point C_1. En ce point passe une isotherme ; soit T_1 la température à laquelle correspond cette isotherme.

La droite AA' coupera toute isotherme dont la température T est supérieure à T_1 en un point de sa partie rectiligne ; elle coupera toute isotherme dont la température T est inférieure à T_1 en un point de sa partie curviligne représentée par l'équation

$$y_1 = f_1(x, \Pi, T).$$

On en conclut aisément que *le mélange considéré se partagera en deux couches distinctes à toute température supérieure à* T_1 ; *aux températures inférieures à* T_1, *il ne subsistera plus qu'une seule couche, celle que nous nommons la seconde.*

Considérons une température T supérieure à T_1, et traçons l'isotherme relative à cette température ; la droite AA' rencontrera en un point M la partie rectiligne CC' de cette isotherme. A cette température, la première couche de notre mélange renferme des masses m_1 et m_2 des corps 1 et 2 ; la seconde couche renferme des masses M_1 et M_2 des mêmes corps.

Les égalités

$$\frac{m_2}{m_1} = s, \qquad \frac{M_2}{M_1} = S, \qquad \frac{\mathfrak{M}_2}{\mathfrak{M}_1} = x$$

donnent

$$m_1 = \frac{S - x}{S - s}\, \mathfrak{M}_1,$$

$$M_1 = \frac{x - s}{S - s}\, \mathfrak{M}_1,$$

$$\frac{m_1}{M_1} = \frac{S - x}{x - s}.$$

Si l'on observe que l'on a

$$Os = s,$$
$$OA = x,$$
$$OS = S,$$

on voit sans peine que l'on a

$$\frac{m_1}{\mathfrak{M}_1} = \frac{\overline{MC'}}{\overline{CC'}},$$

$$\frac{M_1}{\mathfrak{M}_1} = \frac{\overline{MC}}{\overline{CC'}},$$

$$\frac{m_1}{M_1} = \frac{\overline{MC'}}{\overline{MC}}.$$

La construction graphique que nous avons faite détermine donc, à chaque température supérieure à T, en quelle proportion la masse $\mathfrak{M}_1$ se partage entre les deux couches.

2° Le rapport $x = \dfrac{\mathfrak{M}_2}{\mathfrak{M}_1}$ est supérieur à $s(\Pi)$, mais assez voisin de $s(\Pi)$ pour que la droite BB', dont l'abscisse est constamment égale à x, soit en partie intérieure à la courbe $\xi K \xi'$.

La droite BB' rencontre cette courbe en un point C_1 qui appartient à l'isotherme relative à la température T_1. *Aux températures supérieures à* T_1, *le mélange se sépare en deux couches. Aux températures inférieures à* T_1, *le mélange ne forme plus qu'une couche, celle que nous nommons la seconde.*

3° Le rapport $x = \dfrac{\mathfrak{M}_2}{\mathfrak{M}_1}$ est assez éloigné de $s(\Pi)$ pour que la droite dont l'abscisse est constamment égale à x ne pénètre plus à l'intérieur de la courbe $\xi K \xi'$, du moins dans l'étendue des températures accessibles. Dans ces conditions, *le mélange demeure constamment homogène.*

Les courbes

$$y = \psi_1(x, \Pi, T),$$
$$y = \Pi(x, \Pi, T),$$

prêteraient à des remarques semblables à celles que nous a fournies la considération des courbes

$$y = \psi_2(x, \Pi, T).$$

CHAPITRE III.

LIQUÉFACTION D'UN MÉLANGE GAZEUX.

§ I. — Ligne critique d'un mélange de deux gaz liquéfiables.

Considérons deux gaz liquéfiables, par exemple l'hydrogène et l'acide carbonique; ces deux corps, pris à l'état de pureté, n'ont pas même température critique; désignons par l'indice 1 le corps dont la température critique est la plus élevée et par l'indice 2 le corps dont la température critique est la moins élevée; dans l'exemple que nous venons de citer, l'indice 1 sera réservé à l'acide carbonique et l'indice 2 à l'hydrogène.

Soient Θ_1, $\mathcal{P}_1$ la température et la pression critique du premier gaz; soient Θ_2, $\mathcal{P}_2$ la température et la pression critique du second gaz.

Mélangeons ces deux gaz en certaine proportion; dans des conditions convenables de température et de pression, le mélange sera séparé en deux couches, l'une liquide, l'autre gazeuse; chacune de ces deux couches sera un mélange des deux corps 1 et 2; S sera la concentration de la couche liquide; s sera la concentration de la couche gazeuse.

Au sein de la couche liquide, les corps 1 et 2 auront pour fonctions potentielles thermodynamiques,

$$F_1(S, \Pi, T), \quad F_2(S, \Pi, T).$$

Au sein de la couche gazeuse, les mêmes corps auront pour fonctions potentielles thermodynamiques,

$$f_1(s, \Pi, T), \quad f_2(s, \Pi, T).$$

Les conditions d'équilibre entre les deux couches sont exprimées par les égalités [Chap. I, égalités (4)],

$$(1) \qquad \begin{cases} f_1(s, \Pi, T) = F_1(S, \Pi, T), \\ f_2(s, \Pi, T) = F_2(S, \Pi, T). \end{cases}$$

Lorsque S tend vers zéro, la couche liquide a pour état limite le corps 1 pur et sous forme liquide; si nous désignons par $\Psi'_1(\Pi, T)$ la fonction potentielle thermodynamique du corps 1 sous cette forme, nous aurons

$$\lim [F_1(S, \Pi, T)]_{S=0} = \Psi'_1(\Pi, T).$$

Nous aurons de même

$$\lim [f_1(s, \Pi, T)]_{s=0} = \Phi_1(\Pi, T)$$
$$\lim [F_2(S, \Pi, T)]_{S=\infty} = \Psi'_2(\Pi, T),$$
$$\lim [f_2(s, \Pi, T)]_{s=+\infty} = \Phi_2(\Pi, T),$$

$\Phi_1(\Pi, T)$ étant la fonction potentielle du corps 1 à l'état de vapeur,

$\Psi'_2(\Pi, T)$ étant la fonction potentielle du corps 2 à l'état liquide,

$\Phi_2(\Pi, T)$ étant la fonction potentielle du corps 2 à l'état de vapeur.

Considérons, dans l'espace des (x, Π, T), la *ligne critique* du mélange;

$$S(\Pi), \quad \Pi, \quad \Theta(\Pi)$$

sont les coordonnées d'un point de cette ligne, exprimées au moyen de l'une d'entre elles, Π; pour l'objet que nous nous proposons, il sera plus commode de les exprimer toutes trois au moyen de la coordonnée x, en sorte que les équations de cette ligne critique seront

$$(2) \qquad \begin{cases} \Pi = \mathfrak{P}(x), \\ T = \Theta(x). \end{cases}$$

Le point de cette ligne qui correspond à $x = 0$ doit être précisément le point critique du corps 1 à l'état de pureté, en sorte que l'on doit avoir

$$(3) \qquad \begin{cases} \mathfrak{P}(0) = \mathfrak{P}_1, \\ \Theta(0) = \Theta_1. \end{cases}$$

Le point de la même ligne qui correspond à $x = +\infty$ doit être le point critique du corps 2 à l'état de pureté, en sorte que l'on doit avoir

$$(3\,bis) \qquad \begin{cases} \Psi(+\infty) = \Psi_2, \\ \Theta(+\infty) = \Theta_2. \end{cases}$$

Projetons la ligne critique sur le plan (OT, OΠ). Sa projection sera une ligne $C_1 C_2$ (*fig.* 14) joignant le point critique $C_1(\Theta_1, \Psi_1)$

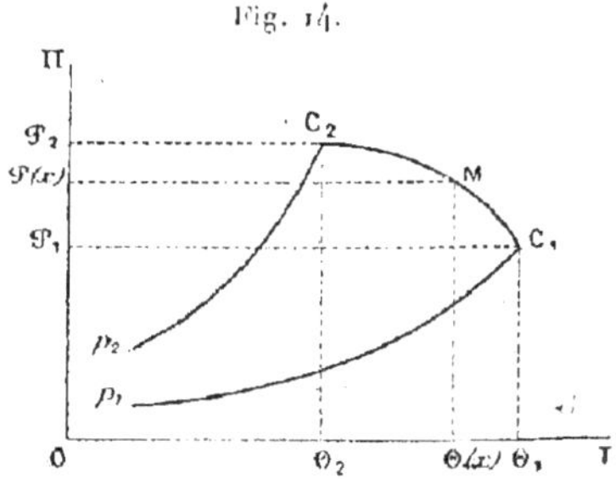

Fig. 14.

du corps 1, au point critique $C_2(\Theta_2, \Psi_2)$ du corps 2. Par rapport aux courbes des tensions de vapeur saturée $p_1 C_1$ et $p_2 C_2$ des corps 1 et 2, elle sera située comme l'indique la *fig.* 14.

Nous donnerons souvent à cette ligne $C_1 C_2$, projection de la ligne critique du mélange sur le plan des (T, Π), le nom de *ligne critique du mélange*.

§ II. — Ligne de rosée d'un mélange gazeux.

Considérons un mélange gazeux formé par des masses $\mathfrak{M}_1$, $\mathfrak{M}_2$ des corps 1 et 2. Ce mélange étant soumis à la pression Π et porté à la température T, demandons-nous si une partie des corps qui le forment vont passer à l'état liquide, ou si, au contraire, il restera tout entier à l'état gazeux.

Imaginons que des masses δM_1, δM_2 des corps 1 et 2 se condensent pour former un mélange liquide de concentration

$$(4) \qquad S = \frac{\delta M_2}{\delta M_1},$$

et de masse infiniment petite. Posons

$$(5) \qquad X = \frac{\mathfrak{M}_2}{\mathfrak{M}_1}.$$

Le potentiel thermodynamique du système subit un accroissement

$$\delta\Phi = \; [F_1(S, H, T) - f_1(X, H, T)] \, \delta M_1$$
$$+ [F_2(S, H, T) - f_2(X, H, T)] \, \delta M_2,$$

accroissement qui peut encore s'écrire, en vertu de l'égalité (4),

$$\delta\Phi = [\; F_1(S, H, T) + S F_2(S, H, T)$$
$$- f_1(X, H, T) - S f_2(X, H, T)] \, \delta M_1.$$

Pour que la modification virtuelle considérée, dans laquelle δM_1 n'est certainement pas négatif, puisse se produire, il faut et il suffit que $\delta\Phi$ soit négatif. Ainsi, pour qu'une condensation puisse se produire dans le mélange gazeux considéré, il faut et il suffit qu'il existe au moins une valeur de S telle que l'on ait

$$(6) \qquad \begin{cases} \varphi(S, H, T) = \; F_1(S, H, T) + S F_2(S, H, T) \\ \qquad - f_1(X, H, T) - S f_2(X, H, T) < 0. \end{cases}$$

Si, au contraire, pour toute valeur de S comprise entre 0 et $+\infty$, on a

$$(6\ bis) \qquad \begin{cases} \varphi(S, H, T) = \; F_1(S, H, T) + S F_2(S, H, T) \\ \qquad - f_1(X, H, T) - S f_2(X, H, T) > 0, \end{cases}$$

aucune condensation ne pourra se produire dans le mélange gazeux considéré. L'égalité

$$\frac{\partial \varphi(S, H, T)}{\partial S} = \frac{\partial F_1(S, H, T)}{\partial S} + S \frac{\partial F_2(S, H, T)}{\partial S}$$
$$+ F_2(S, H, T) - f_2(X, H, T)$$

peut s'écrire, en vertu de l'identité

$$\frac{\partial F_1(S, H, T)}{\partial S} + S \frac{\partial F_2(S, H, T)}{\partial S} = 0,$$

sous la forme

$$\frac{\partial \varphi(S, H, T)}{\partial S} = F_2(S, H, T) - f_2(X, H, T).$$

Si l'on observe que $F_2(S, H, T)$ croît constamment avec S, on voit sans peine que $\varphi(S, H, T)$ est minimum au moment où S prend la valeur ξ qui vérifie l'équation

$$(7) \qquad F_2(\xi, H, T) = f_2(X, H, T).$$

La valeur correspondante de $\varphi(S, H, T)$ est alors

$$\varphi(\xi, H, T) = F_1(\xi, H, T) - f_1(X, H, T).$$

Donc, pour que l'inégalité (6) soit vérifiée au moins par une valeur de S, il faut et il suffit que l'on ait

$$(8) \qquad F_1(\xi, H, T) - f_1(X, H, T) < o.$$

Pour que l'inégalité (6 *bis*) soit vérifiée quel que soit S, il faut et il suffit que l'on ait

$$(8\,bis) \qquad F_1(\xi, H, T) - f_1(X, H, T) > o.$$

Ainsi donc, si l'on se donne la composition X d'un mélange gazeux, on pourra partager le plan des (T, H) en deux régions :

1° Une région où l'on a

$$(8\,bis) \qquad F_1(\xi, H, T) - f_1(X, H, T) > o,$$

ξ étant défini, en fonction de X, H, T, par l'égalité

$$(7) \qquad F_2(\xi, H, T) - f_2(X, H, T) = o.$$

Dans cette région, aucune condensation n'est possible ; le mélange gazeux demeure sec.

2° Une région où l'on a

$$(8) \qquad F_1(\xi, H, T) - f_1(X, H, T) < o,$$

ξ étant défini, en fonction de X, H, T, par l'égalité

$$(7) \qquad F_2(\xi, H, T) - f_2(X, H, T) = o.$$

Dans cette région, le mélange gazeux passe en partie à l'état liquide.

Ces deux régions sont séparées l'une de l'autre par une courbe dont l'équation s'obtient en éliminant ξ entre les deux équations

$$(9) \qquad \begin{cases} F_1(\xi, \Pi, T) - f_1(X, \Pi, T) = 0, \\ F_2(\xi, \Pi, T) - f_2(X, \Pi, T) = 0. \end{cases}$$

Cette courbe est ce que nous nommerons la *ligne de rosée du mélange gazeux de concentration* X. Si le point figuratif se trouve en un point (T, Π) de la ligne de rosée, il existera une valeur de ξ vérifiant à la fois les deux équations (9). Nous dirons que cette valeur de ξ représente la *concentration de la rosée* déposée au point (T, Π) par le mélange gazeux de concentration X.

Supposons que X tende vers zéro, c'est-à-dire que le mélange gazeux tende vers le gaz 1, pris à l'état de pureté; la rosée déposée par ce mélange devra tendre vers le liquide 1, pris à l'état de pureté; ξ tendra donc vers zéro; la deuxième équation (9) se réduira donc à $\xi = 0$, et la première deviendra

$$\Psi_1(\Pi, T) - \Phi_1(\Pi, T) = 0,$$

qui est l'équation de la ligne des tensions de vapeur saturée du liquide 1. On démontrera de même que, lorsque X croît au delà de toute limite, la ligne de rosée tend vers la courbe des tensions de vapeur saturée du liquide 2.

On voit sans peine qu'au point de la ligne critique où l'on a $s = X$, les équations (9) sont satisfaites; en outre, en ce point, on a $\xi = X$.

Dans l'espace des (X, T, Π), les lignes de rosée des divers mélanges forment une surface que nous pouvons nommer la *surface de rosée*; de ce que nous venons de dire, il résulte :

1° Que la surface de rosée coupe le plan des (T, Π) suivant la ligne des tensions de vapeur saturée du liquide 1 ;

2° Que la surface de rosée admet un cylindre asymptote dont les génératrices sont parallèles à OX et dont la directrice sur le plan des (T, Π) est la ligne des tensions de vapeur saturée du liquide 2 ;

3° Que la surface de rosée est limitée par la ligne critique.

Sur le plan des (T, Π), ces limites de la surface de rosée se projettent suivant le contour $p_1 C_1 C_2 p_2$ (*fig.* 14).

Cherchons à discuter d'une manière plus complète la forme des lignes de rosée.

§ III. — Discussion de la ligne de rosée.

Différentions les égalités (9) par rapport aux quatre variables ξ, X, Π, T. Nous trouverons

$$\frac{\partial F_1}{\partial \xi}\, d\xi - \frac{\partial f_1}{\partial X}\, dX + \left(\frac{\partial F_1}{\partial \Pi} - \frac{\partial f_1}{\partial \Pi}\right) d\Pi + \left(\frac{\partial F_1}{\partial T} - \frac{\partial f_1}{\partial T}\right) dT = 0,$$

$$\frac{\partial F_2}{\partial \xi}\, d\xi - \frac{\partial f_2}{\partial X}\, dX + \left(\frac{\partial F_2}{\partial \Pi} - \frac{\partial f_2}{\partial \Pi}\right) d\Pi + \left(\frac{\partial F_2}{\partial T} - \frac{\partial f_2}{\partial T}\right) dT = 0.$$

Ajoutons membre à membre les deux égalités, après avoir multiplié par ξ les deux membres de la seconde ; en vertu des identités

$$\frac{\partial F_1(\xi, \Pi, T)}{\partial \xi} + \xi\, \frac{\partial F_2(\xi, \Pi, T)}{\partial \xi} = 0,$$

$$\frac{\partial f_1(X, \Pi, T)}{\partial X} + X\, \frac{\partial f_2(X, \Pi, T)}{\partial X} = 0,$$

le résultat obtenu deviendra

$$(10)\quad\begin{cases} \left[\dfrac{\partial F_1(\xi, \Pi, T)}{\partial \Pi} + \xi\,\dfrac{\partial F_2(\xi, \Pi, T)}{\partial \Pi} - \dfrac{\partial f_1(X, \Pi, T)}{\partial \Pi} - \xi\,\dfrac{\partial f_2(X, \Pi, T)}{\partial \Pi}\right] d\Pi \\[2ex] + \left[\dfrac{\partial F_1(\xi, \Pi, T)}{\partial T} + \xi\,\dfrac{\partial F_2(\xi, \Pi, T)}{\partial T} - \dfrac{\partial f_1(X, \Pi, T)}{\partial T} - \xi\,\dfrac{\partial f_2(X, \Pi, T)}{\partial T}\right] dT \\[2ex] = -(X - \xi)\,\dfrac{\partial f_2(X, \Pi, T)}{\partial X}\, dX. \end{cases}$$

Soit $Q(\xi, \Pi, T)$ la quantité de chaleur que dégagerait la formation, sous la pression Π et à la température T, de l'unité de masse d'un mélange liquide de concentration ξ, à partir des corps 1 et 2, pris isolément à l'état de gaz.

Soit $q(X, \Pi, T)$ la quantité de chaleur que dégagerait la formation, sous la pression Π et à la température T, de l'unité de masse d'un mélange gazeux de concentration X à partir des corps 1 et 2, pris isolément à l'état de gaz.

Soit $l_2(X, \Pi, T)\, \delta m_2$ la quantité de chaleur que dégage, en se diffusant dans un mélange gazeux de concentration X, une masse δm_2 du corps 2, pris à l'état de gaz, la diffusion ayant lieu sous la pression Π, à la température T.

Nous aurons [Chap. I, égalités (8) et (12)]

$$(11) \quad \left\{ \begin{aligned} &\frac{\partial F_1(\xi, \Pi, T)}{\partial T} + \xi \frac{\partial F_2(\xi, \Pi, T)}{\partial T} - \frac{\partial f_1(X, \Pi, T)}{\partial T} - \xi \frac{\partial f_2(X, \Pi, T)}{\partial T} \\ &= \frac{E}{T}\left[(1 + \xi) Q(\xi, \Pi, T) - (1 + X) q(X, \Pi, T) + (X - \xi) l_2(X, \Pi, T) \right]. \end{aligned} \right.$$

Soit $V(\xi, \Pi, T)$ le volume spécifique du mélange liquide de concentration ξ, sous la pression Π, à la température T; soit $v(\xi, \Pi, T)$ le volume spécifique du mélange gazeux de concentration ξ, sous la pression Π, à la température T; nous aurons [Chap. I, égalités (16 et (17)]

$$(12) \quad \left\{ \begin{aligned} &\frac{\partial F_1(\xi, \Pi, T)}{\partial \Pi} + \xi \frac{\partial F_2(\xi, \Pi, T)}{\partial \Pi} - \frac{\partial f_1(X, \Pi, T)}{\partial \Pi} - \frac{\partial f_2(X, \Pi, T)}{\partial \Pi} \\ &= (1 + \xi) V(\xi, \Pi, T) - (1 + X) v(X, \Pi, T) \\ &\quad + (X - \xi)\left[v(X, \Pi, T) + (1 + X) \frac{\partial v(X, \Pi, T)}{\partial X} \right] \end{aligned} \right.$$

En vertu des égalités (11) et (12), l'égalité (10) devient

$$(13) \quad \left\{ \begin{aligned} &\frac{E}{T}\left[(1 + \xi) Q(\xi, \Pi, T) - (1 + X) q(X, \Pi, T) + (X - \xi) l_2(X, \Pi, T) \right] dT \\ &\quad + \left\{ (1 + \xi) V(\xi, \Pi, T) - (1 + X) v(X, \Pi, T) \right. \\ &\qquad \left. + (X - \xi)\left[v(X, \Pi, T) + (1 + X) \frac{\partial v(X, \Pi, T)}{\partial X} \right] \right\} d\Pi \\ &= -(X - \xi) \frac{\partial f_2(X, \Pi, T)}{\partial X} dX. \end{aligned} \right.$$

Prenons deux corps dont les points critiques soient très distants, par exemple l'eau et l'hydrogène; plaçons-nous à une température très inférieure au point critique du moins volatil de ces deux fluides, l'eau, et très supérieure au point critique du plus volatil, l'hydrogène.

Dans ces conditions, il est bien certain que la rosée fournie par un mélange des deux gaz se composera principalement du moins volatil des deux liquides, de l'eau, en sorte que l'on aura

$$(X - \xi) > o.$$

Il est bien certain que les quantités $q(X, \Pi, T)$, $l_2(X, \Pi, T)$ seront très petites, tandis que la quantité $Q(\xi, \Pi, T)$ sera notable et positive, en sorte que l'on aura

$$(1+\xi)\,Q(\xi,\Pi,T)-(1+X)\,q(X,\Pi,T)+(X-\xi)\,l_2(X,\Pi,T)>0.$$

Ce sont ces deux résultats que nous généraliserons pour former les deux hypothèses que voici :

PREMIÈRE HYPOTHÈSE. — *En tout point de la surface de rosée non situé sur la ligne critique, la rosée renferme une moindre proportion du fluide 2 que le mélange gazeux qui fournit cette rosée*, ce qu'exprime l'inégalité

$$(14) \qquad\qquad X-\xi>0.$$

SECONDE HYPOTHÈSE. — *En tout point de la surface de rosée, non situé sur la ligne critique, on a*

$$(15)\quad (1+\xi)\,Q(\xi,\Pi,T)-(1+X)\,q(X,\Pi,T)+(X-\xi)\,l_2(X,\Pi,T)>0.$$

Ces deux hypothèses, jointes à l'égalité (13), vont nous permettre de discuter les propriétés des lignes de rosée.

Dans l'égalité (13), faisons

$$d\Pi = 0.$$

Elle deviendra

$$\frac{E}{T}\left[(1+\xi)\,Q(\xi,\Pi,T)-(1+X)\,q(X,\Pi,T)+(X-\xi)\,l_2(X,\Pi,T)\right]dT$$
$$=-(X-\xi)\,\frac{\partial f_2(X,\Pi,T)}{\partial X}\,dX.$$

Comme $\dfrac{\partial f_2(X,\Pi,T)}{\partial X}$ est essentiellement positif, cette égalité, jointe aux inégalités (14) et (15), met en évidence les deux propositions suivantes :

1° Il est impossible que l'on ait $dT = 0$ si l'on n'a pas $dX = 0$; en sorte que *les lignes de rosée relatives à deux mélanges gazeux de composition infiniment voisine ne peuvent jamais se couper* ;

2° dT est, en toutes circonstances, de signe contraire à dX. *Si donc on mène une parallèle $\varpi_2\varpi_1$ (fig. 15) à l'axe OT, et si l'on parcourt cette ligne de gauche à droite, on traversera* *successivement les diverses lignes de rosée dans l'ordre où X va en décroissant.*

Si, par exemple, nous rencontrons la ligne de rosée R, qui correspond à la concentration X du mélange gazeux, avant la ligne

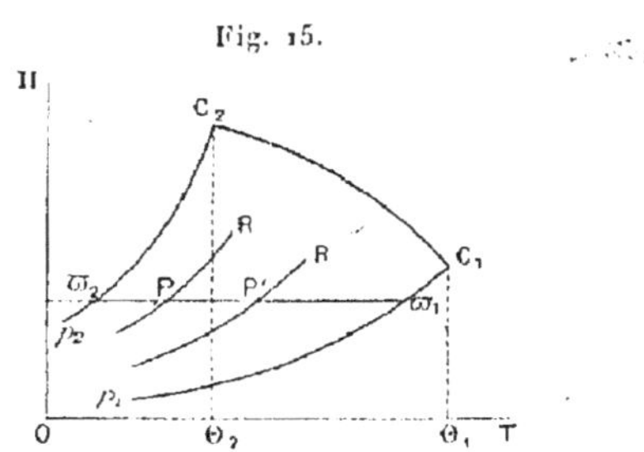

Fig. 15.

de rosée R', qui correspond à la concentration X', c'est que nous avons

$$X > X'.$$

Conformément à cette règle, la première ligne de rosée rencontrée est celle qui correspond à $X = +\infty$, c'est-à-dire la ligne $p_2 C_2$ des tensions de vapeur saturée du fluide 2; la dernière ligne de rosée rencontrée est celle qui correspond à $X = 0$, c'est-à-dire a ligne $p_1 C_1$ des tensions de vapeur saturée du fluide 1.

Faisons maintenant, dans l'équation (13), $dX = 0$; elle nous donnera alors le coefficient angulaire de la tangente à une courbe de rosée

$$(16) \quad \begin{cases} \dfrac{d\Pi}{dT} = -\dfrac{T}{E} \\[2ex] \times \dfrac{(1+\xi)\, Q(\xi, \Pi, T) - (1+X)\, q(X, \Pi, T) + (X - \xi)\, l_2(X, \Pi, T)}{(1+\xi)\, V(\xi, \Pi, T) - (1+X)\, v(X, \Pi, T) + (X - \xi)\left[v(X, \Pi, T) + (1+X)\, \dfrac{\partial v(X, \Pi, T)}{\partial X} \right]} \end{cases}$$

Pour les courbes $p_1 C_1$ et $p_2 C_2$ des tensions de vapeur saturée des liquides 1 et 2, on sait que $\dfrac{d\Pi}{dT}$ a des valeurs qui sont toujours positives et finies, *même en chacun des points critiques* C_1, C_2. Par raison de continuité, il en est forcément de même pour les lignes de rosée qui sont suffisamment voisines des lignes $p_1 C_1$ et $p_2 C_2$. Donc, pour toute valeur de X assez voisine soit de 0, soit de $+\infty$, on est assuré d'avoir

$$(17) \quad \begin{cases} (1+\xi)\,V(\xi, \Pi, T) - (1+X)\,v(X, \Pi, T) \\ \quad + (X - \xi)\left[v(X, \Pi, T) + (1+X)\dfrac{\partial v(X, \Pi, T)}{\partial X}\right] < 0. \end{cases}$$

Mais rien ne prouve que cette inégalité (15) soit vérifiée dans toute l'étendue du domaine $p_1\,C_1\,C_2\,p_2$.

Il est possible qu'il existe, dans le domaine $p_1\,C_1\,C_2\,p_2$ une région en tout point de laquelle on ait l'inégalité

$$(17\ bis) \quad \begin{cases} (1+\xi)\,V(\xi, \Pi, T) - (1+X)\,v(X, \Pi, T) \\ \quad + (X - \xi)\left[v(X, \Pi, T) + (1+X)\dfrac{\partial v(X, \Pi, T)}{\partial X}\right] > 0. \end{cases}$$

Cette région sera séparée de la région où l'inégalité (15) est vérifiée par une courbe définie par l'équation

$$(18) \quad \begin{cases} (1+\xi)\,V(\xi, \Pi, T) - (1+X)\,v(X, \Pi, T) \\ \quad + (X - \xi)\left[v(X, \Pi, T) + (1+X)\dfrac{\partial v(X, \Pi, T)}{\partial X}\right] = 0, \end{cases}$$

ξ et X étant, dans cette équation, remplacés par leurs valeurs en fonction de Π et de T données par les égalités (9).

C'est à l'expérience de nous enseigner, pour chaque catégorie de mélanges, si l'hypothèse que nous venons d'indiquer est ou n'est pas vérifiée; lorsqu'elle est vérifiée, cherchons quelles conséquences elle entraîne; on verra sans peine comment ces conséquences seraient modifiées au cas où l'inégalité (15) serait vérifiée en tout point du champ $p_1\,C_1\,C_2\,p_2$.

Soit $Y_1\,MY_2$ la courbe définie par l'égalité (16) (*fig.* 16).

Elle partage le domaine $p_1\,C_1\,C_2\,p_2$ en deux régions; la *première région,* celle qui confine aux courbes de tensions de vapeur $p_1\,C_1, p_2\,C_2$, est caractérisée par l'inégalité (15), qui est vérifiée en chacun de ses points; la *seconde région,* comprise entre la ligne $Y_1\,MY_2$ et la ligne critique du mélange, est caractérisée par l'inégalité (15 *bis*), qui est vérifiée en chacun de ses points.

En tout point de la première région, $\dfrac{d\Pi}{dT}$ est positif; en tout point de la seconde région, $\dfrac{d\Pi}{dT}$ est négatif; enfin, en tout point de la courbe $Y_1 M Y_2$, $\dfrac{d\Pi}{dT}$ est infini.

La courbe $Y_1 M Y_2$ rencontre la ligne critique en deux points Y_1,

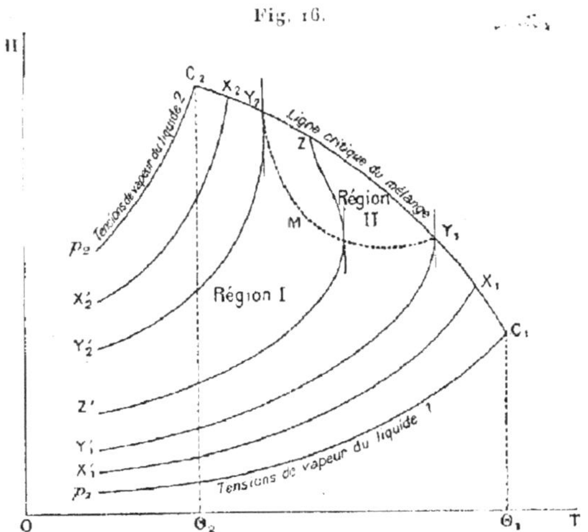

Fig. 16.

Y_2. A ces points correspondent des concentrations critiques que nous désignerons également par les lettres Y_1, Y_2.

Soit $Y'_1 Y_1$ la ligne de rosée du mélange gazeux de composition Y_1; soit $Y'_2 Y_2$ la ligne de rosée du mélange gazeux de composition Y_2. Ces deux lignes de rosée partagent l'ensemble des lignes de rosée en trois faisceaux.

Premier faisceau. — Il se compose des lignes de rosée relatives à des mélanges gazeux dont la concentration est comprise entre o et Y_1. Ces lignes de rosée sont tracées entre la courbe $p_1 C_1$ des tensions de vapeur saturée du liquide 1 et la ligne $Y'_1 Y_1$. Pour ces lignes, $\dfrac{d\Pi}{dT}$ est constamment positif et fini. Une telle ligne monte constamment de gauche à droite sans que sa tangente devienne jamais verticale. Telle est la ligne $X'_1 X_1$.

Deuxième faisceau. — Il se compose des lignes de rosée relatives à des mélanges gazeux dont la concentration est comprise entre Y_1 et Y_2. Ces lignes de rosée sont tracées entre les lignes $Y'_1 Y_1$ et $Y'_2 Y_2$. Telle est la ligne $Z'Z$. Une telle ligne monte d'abord de gauche à droite; au moment où elle rencontre la courbe $Y_1 M Y_2$, sa tangente devient verticale; puis, la ligne monte de droite à gauche jusqu'à sa rencontre avec la ligne critique.

Troisième faisceau. — Il se compose des lignes de rosée relatives à des mélanges gazeux dont la concentration est comprise entre Y_2 et $+\infty$. Ces lignes de rosée sont tracées entre la ligne $Y'_2 Y_2$ et la courbe $p_2 C_2$ des tensions de vapeur saturée du liquide 2. Une telle ligne monte constamment de gauche à droite et sa tangente ne devient jamais verticale. Telle est la ligne $X'_2 X_2$.

Les deux lignes limites $Y'_1 Y_1$, $Y'_2 Y_2$ ont une tangente verticale au point extrême où elles rencontrent la ligne critique du mélange.

§ IV. — Liquéfaction d'un mélange de gaz.

Les résultats que nous venons d'obtenir au sujet des courbes de rosée vont nous permettre de discuter les effets que l'on observe lorsque l'on cherche à liquéfier un mélange de deux gaz. Nous nous appuierons sur deux théorèmes que nous allons démontrer.

Considérons un mélange gazeux de composition X et cherchons dans quelles conditions ce mélange demeurera homogène, dans quelles conditions il passera en partie à l'état liquide.

Nous savons déjà que les régions du plan dans lesquelles doit se trouver le point figuratif pour que l'on observe l'une ou l'autre de ces deux catégories de phénomènes sont séparées l'une de l'autre par la courbe de rosée; mais il importe de distinguer à quelle catégorie de phénomènes appartient chacune de ces deux régions.

Au § II, nous avons obtenu une règle qui va nous permettre de résoudre cette question.

Au point figuratif (Π, T), on calcule la quantité ξ par l'équation

$$(7) \qquad F_2(\xi, \Pi, V) - f_2(X, \Pi, T),$$

60 P. DUHEM.

puis l'on détermine la valeur prise par la fonction

$$(19) \qquad H(X, \Pi, T) = F_1[\xi(X, \Pi, T), \Pi, T] - f_1(X, \Pi, T).$$

Si cette valeur est négative, au point (T, Π) le mélange de composition X passe en partie à l'état liquide ; si, au contraire, cette valeur est positive, au point (T, Π) le mélange gazeux de concentration X demeure homogène.

Comme la fonction $H(X, \Pi, T)$ ne peut changer de signe qu'en passant par zéro, et qu'elle ne devient égale à o qu'aux divers points de la courbe de rosée du mélange de concentration X, il suffit de déterminer le signe pris par la fonction $H(X, \Pi, T)$ en un point infiniment voisin de la courbe de rosée.

Soient donc (T, Π) un point situé sur la ligne de rosée du mélange de concentration X, et $(T + dT, \Pi + d\Pi)$ un point infiniment voisin de celui-là.

Nous aurons

$$H(X, \Pi + d\Pi, T + dT) - H(X, \Pi, T)$$
$$= \frac{\partial F_1(\xi, \Pi, T)}{\partial \xi} d\xi + \left[\frac{\partial F_1(\xi, \Pi, T)}{\partial \Pi} - \frac{\partial f_1(X, \Pi, T)}{\partial \Pi} \right] d\Pi$$
$$+ \left[\frac{\partial F_1(\xi, \Pi, T)}{\partial T} - \frac{\partial f_1(X, \Pi, T)}{\partial T} \right] dT,$$

ou bien, puisque

$$H(X, \Pi, T) = o,$$

$$(20) \quad \left\{ \begin{aligned} H(X, \Pi + d\Pi, T + dT) &= \frac{\partial F_1(\xi, \Pi, T)}{\partial \xi} d\xi \\ &+ \left[\frac{\partial F_1(\xi, \Pi, T)}{\partial \Pi} - \frac{\partial f_1(\xi, \Pi, T)}{\partial \Pi} \right] d\Pi \\ &+ \left[\frac{\partial F_1(\xi, \Pi, T)}{\partial T} - \frac{\partial f_1(\xi, \Pi, T)}{\partial T} \right] dT. \end{aligned} \right.$$

Mais l'égalité (7), qui définit $\xi(X, \Pi, T)$, donne

$$(20^{\text{bis}}) \quad \left\{ \begin{aligned} o &= \frac{\partial F_2(\xi, \Pi, T)}{\partial \xi} d\xi \\ &+ \left[\frac{\partial F_2(\xi, \Pi, T)}{\partial \Pi} - \frac{\partial f_2(X, \Pi, T)}{\partial \Pi} \right] d\Pi \\ &+ \left[\frac{\partial F_2(\xi, \Pi, T)}{\partial T} - \frac{\partial f_2(X, \Pi, T)}{\partial T} \right] dT. \end{aligned} \right.$$

Si l'on tient compte de l'identité

$$\frac{\partial F_1(\xi, \Pi, T)}{\partial \xi} + \xi \frac{\partial F_2(\xi, \Pi, T)}{\partial \xi} = 0,$$

les égalités (20) et (20bis) donnent

$$\Pi(X, \Pi + d\Pi, T + dT)$$
$$= \left[\frac{\partial F_1(\xi, \Pi, T)}{\partial \Pi} + \xi \frac{\partial F_2(\xi, \Pi, T)}{\partial \Pi} - \frac{\partial f_1(X, \Pi, T)}{\partial \Pi} - \xi \frac{\partial f_2(X, \Pi, T)}{\partial \Pi} \right] d\Pi$$
$$+ \left[\frac{\partial F_1(\xi, \Pi, T)}{\partial T} + \xi \frac{\partial F_2(\xi, \Pi, T)}{\partial T} - \frac{\partial f_1(X, \Pi, T)}{\partial T} - \xi \frac{\partial f_2(X, \Pi, T)}{\partial T} \right] dT,$$

ou bien, en tenant compte des égalités (11) et (12),

$$(21) \quad \begin{cases} \Pi(X, \Pi + d\Pi, T + dT) \\[4pt] = \left\{ (1+\xi) V(\xi, \Pi, T) - (1+X) v(X, \Pi, T) \right. \\[4pt] \qquad \left. + (X - \xi) \left[v(X, \Pi, T) + (1+X) \frac{\partial v(X, \Pi, T)}{\partial X} \right] \right\} d\Pi \\[4pt] \qquad + \frac{E}{T} \left[(1+\xi) Q(\xi, \Pi, T) - (1+X) q(X, \Pi, T) + (X - \xi) l_2(X, \Pi, T) \right] dT. \end{cases}$$

Supposons d'abord $d\Pi = 0$. Nous aurons, d'après l'égalité (19),

$$\Pi(X, \Pi, T + dT)$$
$$= \frac{E}{T} \left[(1+\xi) Q(\xi, \Pi, T) - (1+X) q(X, \Pi, T) + (X - \xi) l_2(X, \Pi, T) \right] dT.$$

Si nous nous reportons à l'inégalité (15), nous voyons que $\Pi(X, \Pi, T + dT)$ a toujours le signe de dT; ce résultat, comparé à la règle que nous rappelions tout à l'heure, conduit au théorème suivant :

La couche de rosée d'un mélange gazeux de concentration X partage le plan en deux régions : l'une dans laquelle le mélange se condense en partie; l'autre dans laquelle il demeure homogène; on passe toujours de la première région à la seconde lorsque, en se déplaçant de gauche à droite sur une parallèle à l'axe des températures, on vient à traverser la courbe de rosée.

Faisons maintenant, dans l'égalité (21), $dT = 0$. Nous trouverons

$$H(X, \Pi + d\Pi, T)$$
$$= \left\{ (1 + \xi)\, V(\xi, \Pi, T) - (1 + X)\, v(X, \Pi, T) \right.$$
$$\left. - (X - \xi) \left[v(X, \Pi, T) + (1 + X)\, \frac{\partial v(X, \Pi, T)}{\partial X} \right] \right\} d\Pi.$$

Si nous tenons compte de l'égalité (16) et de l'inégalité (15), nous voyons que $H(X, \Pi + d\Pi, T)$ est toujours de signe contraire au produit $\frac{d\Pi}{dT}\, d\Pi$. En nous reportant aux règles énoncées tout à l'heure, nous parvenons au résultat suivant :

Caractérisons, comme au théorème précédent, les deux régions en lesquelles le plan est divisé par la ligne de rosée du mélange de concentration X ; *élevons-nous sur une parallèle à l'axe des pressions ; au moment où nous traverserons la ligne de rosée, nous passerons de la seconde région à la première, si* $\frac{d\Pi}{dT}$ *est positif au point de rencontre, et de la première région à la seconde, si* $\frac{d\Pi}{dT}$ *est négatif au point de rencontre.*

Les deux propositions que nous venons de démontrer sont évidemment équivalentes.

Elles entraînent d'une manière immédiate une conséquence que nous allons tout d'abord énoncer :

Pour qu'un mélange gazeux de concentration X, *comprimé à une température constante* T, *se condense en partie pour des pressions convenablement choisies, il faut et il suffit que la parallèle à l'axe des pressions qui a* T *pour abscisse constante, rencontre la courbe de rosée du mélange de concentration* X.

L'application de cette règle conduit à distinguer deux cas :

1° *La concentration* X *du mélange est comprise entre* 0 *et* Y_1, *ou bien entre* Y_2 *et* $+\infty$.

Dans ce cas, pour que le mélange puisse être partiellement liquéfié sous des pressions convenables, il faut et il suffit que la température T *soit inférieure à la température critique* $\Theta(X)$ *d'un mélange de concentration* X.

2° *La concentration* X *du mélange est comprise entre* Y_1 *et* Y_2.

Dans ce cas, pour que le mélange puisse être partiellement liquéfié sous des pressions convenables, il faut et il suffit que la température T *soit inférieure à la température* $\mathfrak{I}(X)$ *pour laquelle la ligne de rosée du mélange de concentration* X *admet une tangente verticale.*

C'est donc seulement dans le premier cas que la température critique peut encore être définie, comme pour un fluide unique : *la plus haute température pour laquelle le mélange fluide puisse être observé en équilibre sous l'aspect de deux couches, l'une liquide, l'autre gazeuse.*

Dans le second cas, cette définition serait inacceptable.

Nous avons donné le premier des deux théorèmes que nous avions annoncés, et nous en avons déduit les conséquences ; venons maintenant au second.

Considérons un mélange qui, sous la pression II, à la température T, est partagé en deux couches, l'une gazeuse, l'autre liquide ; la couche gazeuse a une concentration s ; la couche liquide, une concentration S. Ces concentrations sont définies par les égalités

$$(1) \qquad \begin{cases} f_1(s, \mathrm{II}, \mathrm{T}) = \mathrm{F}_1(\mathrm{S}, \mathrm{II}, \mathrm{T}), \\ f_2(s, \mathrm{II}, \mathrm{T}) = \mathrm{F}_2(\mathrm{S}, \mathrm{II}, \mathrm{T}). \end{cases}$$

D'autre part, au point $(\mathrm{T}, \mathrm{II})$ passe la courbe de rosée d'un mélange gazeux de concentration X ; la rosée que laisse déposer ce mélange a, en ce point, la concentration ξ ; X et ξ sont liés par les équations

$$(9) \qquad \begin{cases} f_1(\mathrm{X}, \mathrm{II}, \mathrm{T}) = \mathrm{F}_1(\xi, \mathrm{II}, \mathrm{T}), \\ f_2(\mathrm{X}, \mathrm{II}, \mathrm{T}) = \mathrm{F}_2(\xi, \mathrm{II}, \mathrm{T}). \end{cases}$$

La comparaison des égalités (1) et (9) donne

$$s = X,$$
$$S = \xi,$$

et conduit au théorème suivant :

Si, au point (T, Π), *un mélange est séparé en deux couches, l'une gazeuse, l'autre liquide, la couche gazeuse a la concentration du mélange dont la ligne de rosée passe au point* (T, Π); *la couche liquide a la concentration que la rosée déposée par ce mélange présente en ce point.*

De ce théorème nous allons déduire en premier lieu la conséquence suivante :

Prenons un mélange gazeux de concentration X, *à une température constante* T, *inférieure à la température critique* $\Theta(X)$ *de ce mélange. Élevons graduellement la pression* Π *supportée par ce mélange. Avant que cette pression atteigne la pression critique qui correspond à la température* T, *le mélange est en entier à l'état liquide.*

Soit, en effet, $\mathfrak{P}$ la pression critique qui correspond à la température T. Au point $(T, \mathfrak{P})$ de la ligne critique passe une ligne de rosée relative à un mélange gazeux de concentration X'. La rosée déposée par ce mélange a aussi, en ce point, la concentration X'. Supposons que notre système arrive au point $(T, \mathfrak{P})$ séparé en deux couches : une couche gazeuse renfermant des masses m_1, m_2 des corps 1 et 2 et une couche liquide renfermant des masses M_1, M_2 des mêmes corps; nous aurons

$$\frac{m_2}{m_1} = X', \qquad \frac{M_2}{M_1} = X'.$$

Mais, d'autre part, si nous désignons par $\mathfrak{M}_1$, $\mathfrak{M}_2$ les masses totales des corps 1 et 2 contenues dans le système, nous aurons

$$m_1 + M_1 = \mathfrak{M}_1, \qquad m_2 + M_2 = \mathfrak{M}_2.$$

$$\frac{\mathfrak{M}_2}{\mathfrak{M}_1} = X.$$

Ces diverses égalités donnent les nouvelles égalités

$$m_1 + M_1 = \mathfrak{M}_1,$$
$$X'(m_1 + M_1) = X \mathfrak{M}_1,$$

qui ne pourraient être vérifiées que si l'on avait

$$X' = X.$$

Or les hypothèses faites montrent que la courbe de rosée qui passe au point $(T, \mathfrak{P})$ est située à gauche de la courbe de rosée relative au mélange de concentration X ; elle correspond donc à un mélange gazeux dont la concentration X' surpasse X. Ainsi, il nous est impossible de supposer que le système arrive au point $(T, \mathfrak{P})$ séparé en deux couches.

Nous ne pouvons supposer, non plus, que le système arrive au point $(T, \mathfrak{P})$ en entier à l'état gazeux, car le point $(T, \mathfrak{P})$ est, par rapport à la courbe de rosée du mélange de concentration X, dans la région que l'on quitte lorsqu'on traverse la courbe de gauche à droite.

Nous sommes donc forcé d'admettre que le mélange arrive au point $(T, \mathfrak{P})$ en entier à l'état liquide, conformément au théorème énoncé.

Examinons maintenant les diverses formes de condensation que peut présenter un mélange de deux gaz comprimés à température constante.

Deux cas sont à distinguer :

1° *Le mélange a une concentration quelconque ; on le comprime à une température inférieure à sa température critique.*

Le mélange demeure à l'état de gaz homogène jusqu'à ce que la pression devienne celle pour laquelle on rencontre la ligne de rosée du mélange ; à ce moment, le liquide commence à apparaître ; la quantité de liquide que le système renferme va en augmentant. Pour une certaine pression, le système est entièrement à l'état liquide ; la pression continuant à croître indéfiniment, il demeure sans cesse homogène.

2° *Le mélange a une concentration* Z*, comprise entre* Y_1 *et* Y_2 *; il est comprimé à une température constante* T*, inférieure à la température* $\mathfrak{I}(Z)$ *pour laquelle sa ligne de rosée admet une tangente verticale, mais supérieure à sa température critique* $\Theta(Z)$.

Le point figuratif se déplace sur une parallèle TT′ à OΠ (*fig.* 17).
Tant que la pression Π demeure inférieure à l'ordonnée P du

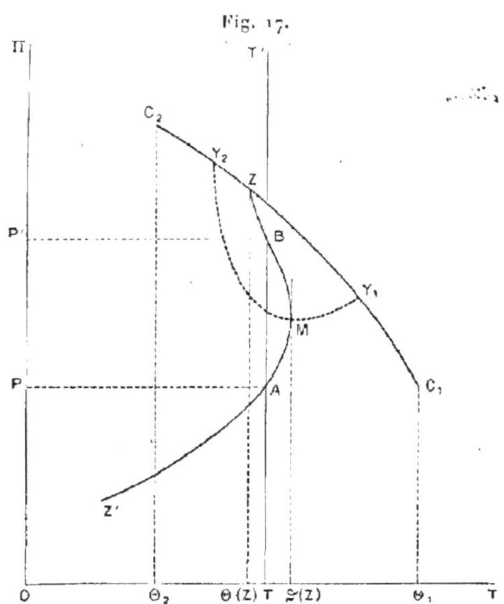

point A où la ligne TT′ rencontre pour la première fois la ligne
de rosée Z′Z du mélange, le mélange demeure à l'état gazeux homogène.

Lorsque la pression atteint, puis dépasse la valeur P, le mélange
se condense en partie; la quantité de liquide formée croît d'abord
avec la pression, *mais elle ne continue pas toujours à croître;*
pour une certaine valeur de la pression, elle passe par un
maximum, puis diminue et finit par disparaître entièrement
au moment où la pression atteint la valeur P′, ordonnée de la
seconde rencontre B de la droite TT′ avec la ligne de rosée Z′Z.

Lorsque la pression surpasse P′, le mélange est, de nouveau, à
l'état gazeux, homogène. Il demeure homogène lorsque le point
figuratif dépasse la ligne critique.

§ V. — Historique et vérifications expérimentales.

Le phénomène de *condensation rétrograde,* pour employer le mot de M. Kuenen, que présente le mélange dans le second des deux cas que nous venons d'étudier, est assez étrange pour nécessiter le contrôle de l'expérience ; c'est d'ailleurs l'expérience qui a, tout d'abord, révélé ce phénomène ; indiquons brièvement par quelle suite de recherches on est parvenu à l'interprétation de ces effets.

En 1880, M. Cailletet [1] fit une observation extrêmement importante et extrêmement inattendue. Ayant comprimé, dans l'appareil qui lui avait servi à liquéfier les gaz permanents, un mélange formé de 1 volume d'air et de 5 volumes d'acide carbonique, il vit une partie du mélange prendre l'état liquide sous une pression modérée. Puis, continuant à augmenter la pression avec lenteur, afin que la température demeurât constante, M. Cailletet vit le liquide disparaître lorsque la pression avait atteint une certaine valeur. Si l'on diminue lentement la pression, le liquide reparaît subitement au moment où l'on revient à la pression pour laquelle il avait disparu dans la première expérience ; à une température donnée, on voit le ménisque se reformer dès que la pression a atteint une valeur déterminée, d'autant plus basse que la température est plus élevée. Ainsi le liquide peut être distingué du gaz :

$$
\begin{array}{lll}
\text{À } 132^{\text{atm}} & \text{à la température de} & + 5,5^{\circ}\,\text{C.} \\
124 & \text{»} & +10 \\
120 & \text{»} & +13 \\
113 & \text{»} & +18 \\
110 & \text{»} & +19 \\
\end{array}
$$

Enfin, à 21°, le mélange, comprimé au-dessus de 350^{atm}, ne se liquéfie plus. Ces résultats sont représentés sur la *fig.* 18 par une ligne en traits interrompus.

---

[1] Cailletet, *Expériences sur la compression des mélanges gazeux* (*Comptes rendus,* t. XC, p. 210 ; 1880). — *Expériences sur la compressibilité des mélanges gazeux* (*Journal de Physique,* 1ʳᵉ série, t. IX, p. 192 ; 1880). — L. Cailletet et P. Hautefeuille, *Recherches sur la liquéfaction des mélanges gazeux* (*Comptes rendus,* t. XCII, p. 901 ; 1881).

    P. DUHEM.

De son côté, M. Van der Waals (¹), en étudiant un mélange
de 9 volumes d'acide carbonique pour 1 volume d'air, trouva, à

Fig. 18.

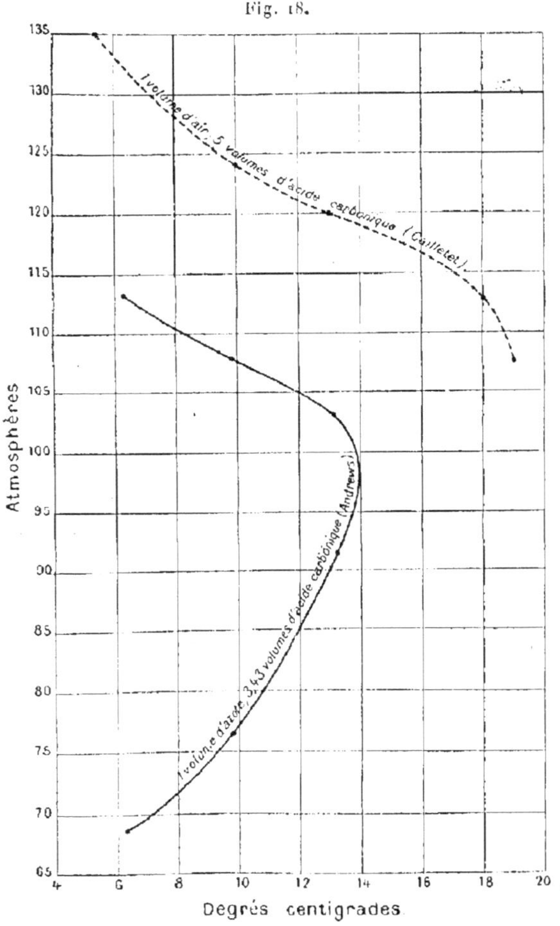

diverses températures, les valeurs suivantes pour la pression P,

---

(¹) J.-D. VAN DER WAALS, *Die Continuität des gasförmigen und flüssigen
Zustandes*, trad. par F. Roth, p. 143 (Leipzig, 1881).

sous laquelle le liquide commence à apparaître, et pour la pression P' sous laquelle il disparaît :

$$A \quad +25^\circ\, C. \qquad P = 77,5^{\text{atm}} \qquad P' = 95^{\text{atm}}$$
$$+20,4 \qquad 72 \qquad 103$$
$$+19,2 \qquad \text{»} \qquad 106$$
$$+\ 2 \qquad \text{»} \qquad 145$$

Un mélange de 7 volumes d'acide carbonique et de 3 volumes d'acide chlorhydrique donna les résultats suivants :

$$A \quad +22^\circ,5 \qquad P = 69^{\text{atm}} \qquad P' = 115^{\text{atm}}$$
$$+\ 0^\circ \qquad 39^{\text{atm}} \qquad 150^{\text{atm}}$$

A la température de $+31^\circ,6$ C. les deux pressions P et P' deviennent égales entre elles et égales à 90^{atm}.

Le 18 mars 1886, M. Stokes communiquait à la Société royale de Londres un Mémoire posthume d'Andrews [1]. Dans ce Mémoire, l'illustre inventeur du point critique étudiait la compressibilité de mélanges d'azote et d'acide carbonique.

Un mélange de 3 volumes d'acide carbonique et de 4 volumes d'azote ne put être liquéfié sous aucune pression, même à la température de 2°.

Au contraire, un mélange de 6,2 volumes d'acide carbonique et de 1 volume d'azote présenta les faits suivants :

A la température de $+3^\circ,5$ C., le liquide commença à apparaître sous une pression de $48^{\text{atm}},3$. La pression augmentant, la quantité de liquide augmenta en même temps. Sous une pression de 102^{atm}, le gaz était réduit à une toute petite bulle qui finit elle-même par disparaître.

A température plus élevée, le phénomène observé par M. Cailletet et par M. Van der Waals se produisait ; le liquide, après avoir apparu sous une certaine pression, disparaissait sous une pression plus élevée.

Un mélange de 3,43 volumes d'acide carbonique et de 1 volume d'azote donna les valeurs suivantes pour la pression P, sous la-

---

[1] ANDREWS, *On the properties of matter in the gaseous and liquid states under various conditions of temperature and pressure* (*Philosophical Transactions*, vol. CLXXVIII, p. 57 : 1888).

quelle le liquide apparaît, et pour la pression P', sous laquelle le liquide disparaît.

$$+6°,3 \ \mathrm{C.} \qquad P = 68,7^{\mathrm{atm}} \qquad P' = 113,2^{\mathrm{atm}}$$
$$9,9 \qquad\qquad 76,6 \qquad\qquad 107,8$$
$$13,2 \qquad\qquad 91,6 \qquad\qquad 103,2$$

On voit que les valeurs P et P' tendent à devenir égales entre elles et à 98^{atm} pour une température de $14°$ environ.

Ces résultats sont représentés, sur la *fig.* 18, par une ligne en traits pleins.

En 1883, Jamin ([1]) proposa une théorie du curieux phénomène découvert par M. Cailletet et par M. Van der Waals. Remarquant que le point critique d'un fluide unique est le point où le gaz et la vapeur ont même densité, il supposa qu'à cette température le liquide ne cessait pas d'avoir des propriétés distinctes de celles de la vapeur; mais que, ayant même pesanteur spécifique que la vapeur, il demeurait mélangé à cette vapeur et qu'il formait avec elle un fluide d'aspect homogène; étendant ensuite cette manière de voir à un mélange de deux fluides, d'air et d'acide carbonique, par exemple, il supposa que la disparition du mélange liquide sous une pression suffisamment élevée n'était qu'une disparition apparente; le mélange liquide continuait à subsister, mais sa densité était devenue égale à celle du mélange gazeux : il se répandait dans celui-ci au point de ne pouvoir plus en être distingué.

Si cette théorie est exacte, la disparition du liquide se produira sous une pression d'autant plus faible que le gaz difficilement liquéfiable, mélangé à l'acide carbonique, sera plus dense. Ainsi il faudra, pour voir disparaître le liquide, exercer une pression plus grande lorsque le gaz mélangé est de l'hydrogène que lorsque ce gaz est de l'air. Ce résultat, prévu par Jamin, a été vérifié par M. Cailletet.

D'après l'explication de la disparition du liquide donnée par Jamin, il semble qu'en continuant à comprimer le système, la densité du mélange gazeux doive devenir supérieure à la densité du liquide, et que, par conséquent, le liquide doive se rassembler au

---

([1]) JAMIN, *Sur le point critique des gaz liquéfiables* (*Comptes rendus*, t. XCVI; 1883. — *Journal de Physique*, 2ᵉ série, t. II, p. 389; 1883).

sommet du tube. « C'est un second essai, dit Jamin, que j'ai proposé à M. Cailletet, qui s'est empressé de le tenter; il n'y a pas réussi, mais je ne désespère pas. »

Mais la théorie de M. Jamin présente une autre difficulté non moins grave. Il ne suffit pas, en effet, que deux fluides présentent la même densité pour qu'ils se mélangent de telle manière qu'il ne soit plus possible de les distinguer; les expériences de Plateau sur la statique des liquides soustraits à l'action de la pesanteur sont là pour le prouver. Pour que deux fluides, primitivement séparés, viennent à se mélanger, il faut que leurs attractions moléculaires deviennent les mêmes. Au point critique d'un fluide unique, cette condition est évidemment vérifiée si l'on admet que le liquide et la vapeur deviennent identiques. Mais on ne voit plus pourquoi deux mélanges d'acide carbonique et d'air, l'un liquide, l'autre gazeux, auraient les mêmes attractions moléculaires au moment où ils ont la même densité.

Malgré ces difficultés de l'explication proposée par M. Jamin, c'est encore à cette explication que s'en tiennent, en 1889, MM. Cailletet et Colardeau ([1]).

En 1888 ([2]), nous avons proposé de renoncer à l'explication proposée par Jamin et de chercher l'éclaircissement des phénomènes observés par M. Cailletet dans la théorie des doubles mélanges, telle qu'elle résulte des principes posés par M. J.-W. Gibbs, c'est-à-dire dans les équations (1). Dès cette époque nous avons marqué le rôle important que devait jouer, dans cet éclaircissement, la courbe lieu des points (T, H) pour lesquels les équations (1) assignent une masse nulle au mélange liquide, c'est-à-dire la courbe de rosée; nous avons montré que les effets observés par M. Cailletet indiquaient, pour certaines de ces courbes, l'existence de deux branches se raccordant en touchant une droite parallèle à l'axe des pressions; en résumé, dès ce moment, nous avons esquissé les principaux traits de la théorie que

---

([1]) CAILLETET et COLARDEAU, *Sur l'état de la matière au voisinage du point critique* (*Annales de Chimie et de Physique*, 6ᵉ série, t. XVIII, p. 269; 1889).

([2]) P. DUHEM, *Sur la liquéfaction de l'acide carbonique en présence de l'air* (*Journal de Physique*, 2ᵉ série, t. VII, p. 158; 1888).

l'on vient de lire; nous avions seulement omis de considérer la *ligne critique* du mélange.

En 1891, M. J.-D. Van der Waals, à qui l'on devait déjà de si fécondes recherches sur la continuité entre l'état liquide et l'état gazeux, publia un important Mémoire ([1]) sur la théorie des doubles mélanges.

Si l'on désigne par s la concentration du mélange, par ρ sa densité, par T la température absolue, le potentiel thermodynamique interne de l'unité de masse de ce mélange peut être désigné par $Z(s, \rho, T)$. M. Van der Waals fait le changement de variables suivant

$$\rho = \frac{1}{v},$$

$$s = \frac{x}{1-x},$$

qui transforme la fonction $Z(s, \rho, T)$ en la fonction qu'il désigne par $\psi(x, v, T)$. Laissant alors la température T constante, et portant sur trois axes rectangulaires les valeurs des variables x, v et ψ, il se propose de construire la surface

$$\psi = \psi(x, v, T).$$

Cette surface construite, les propriétés du mélange, sa constitution homogène ou sa séparation en deux couches peuvent être étudiées par les méthodes que M. Gibbs a appliquées à la surface représentant le potentiel thermodynamique interne d'un fluide unique en fonction du volume spécifique et de la température.

Cette surface, construite au moyen de certaines hypothèses et de certaines approximations, conduisait à reconnaître la possibilité de phénomènes analogues à ceux que M. Cailletet avait découverts et que M. Van der Waals avait rencontrés, de son côté, presque en même temps que M. Cailletet. L'explication de ces phénomènes, brièvement indiquée par M. Van der Waals ([2]), a été déduite plus complètement des principes de cet auteur par

([1]) J.-D. Van der Waals, *Théorie moléculaire d'une substance composée de deux matières différentes* (*Archives néerlandaises des Sciences exactes et naturelles*, t. XXIV, p. 1; 1891).

([2]) J.-D. Van der Waals, *Théorie moléculaire*, etc. (*Archives néerlandaises*, t. XXIV, p. 54 et seqq.; 1891).

M. J.-P. Kuenen ([1]). La théorie donnée par M. Van der Waals et par M. Kuenen concorde entièrement avec celle que nous venons de développer. La température que nous avons nommée *température critique* d'un mélange de concentration Z et que nous avons désignée par $\Theta(Z)$ est nommée par M. Kuenen *température du point de plissement*. La température $\mathfrak{S}(Z)$, où la ligne de rosée du mélange de concentration Z admet une tangente parallèle à OΠ, reçoit, dans le Mémoire de M. Kuenen, le nom de *température du point de contact critique*. Ces dénominations sont empruntées au rôle que jouent ces points sur la surface de M. Van der Waals. M. Kuenen a très nettement marqué les caractères de ces deux points dans le passage suivant :

« Considère-t-on la différence en composition et en densité des deux phases coexistantes, on trouve qu'à la fin de la condensation cette différence sera très petite au voisinage de la température du point de plissement, tant au-dessous qu'au-dessus, et qu'elle croîtra à mesure que la température s'éloigne de la température du point de plissement. C'est ainsi que la petite quantité de liquide qui se forme immédiatement au-dessous de la température du point de contact critique pourra différer très notablement de la phase vapeur; un ménisque plan n'est pas à prévoir en ce point. Les propriétés du point critique d'une matière isolée paraissent donc, chez les mélanges, être en quelque sorte répartis sur deux points, le point de contact critique et le point de plissement. En effet, la propriété qu'au-dessus de la température critique il ne peut coexister deux phases appartient, chez les mélanges, à la température du point de contact critique. Au point de plissement, par contre, nous retrouvons la particularité de la coexistence de deux phases identiques. »

D'après l'explication que nous avons donnée en 1888 des phé-

([1]) J.-P. KUENEN, *Metingen betreffende het Oppervlak van Van der Waals voor Mengsels van Koolzuur en Chloormethyl* (*Præfschrift*. Leyde; 1892).— *Mesures concernant la surface de Van der Waals pour les mélanges d'acide carbonique et de chlorure de méthyle* (*Archives néerlandaises des Sciences exactes et naturelles*, t. XXVI, p. 354; 1893).— *Messungen über die Oberfläche von Van der Waals für Gemische von Kohlensäure und Chlormethyl* (*Zeitschrift für physikalische Chemie*, t. XI, p. 38; 1893).

nomènes observés dans la compression des mélanges fluides, voici comment les faits doivent se passer aux températures où s'observe la condensation rétrograde :

La température étant maintenue constante, et la pression croissant, au moment où l'on atteint la courbe de rosée, le liquide commence à apparaître dans le système ; *la masse du liquide, partant de zéro, croît d'abord, passe par un maximum, puis décroît d'une manière continue et redevient égale à zéro au moment où l'on atteint pour la seconde fois la ligne de rosée.* Les explications plus complètes données ensuite par M. Van der Waals et par M. Kuenen conduisent aux mêmes conclusions.

Or ces conclusions ne sont pas conformes aux observations de M. Cailletet, de M. Van der Waals, d'Andrews, de MM. Cailletet et Colardeau ; empruntons à Andrews la description des phénomènes observés.

« Si l'on répète l'expérience à plus haute température, dit-il, les phénomènes qui se manifestent sont très différents. La température étant maintenue constante, l'acide carbonique liquide apparaît tout d'abord, terminé par la surface concave habituelle. Si l'on augmente la pression, le volume du liquide augmente en même temps d'une manière continue sans changement marqué dans les apparences. Si l'on persiste à faire croître la pression, la surface de séparation devient plane et indistincte, et, la compression continuant, elle finit par disparaître, la masse entière devient homogène.

» La position qu'occupe la surface de séparation dans le tube au moment de sa disparition dépend de la température à laquelle les observations sont faites. A 14° le liquide occupe, immédiatement avant le moment où la surface de séparation s'efface, environ les deux tiers du volume total.

» Il est difficile de fixer avec précision la pression exacte sous laquelle, à une température donnée, les dernières traces de la surface de séparation disparaissent ; mais on peut obtenir un point bien défini en diminuant la pression jusqu'à l'apparition d'un brouillard ; la surface de séparation du liquide reparaît aussitôt sous forme estompée. L'aspect de ce brouillard est remarquable. Il occupe, dans le tube, plusieurs millimètres de hauteur et lorsque la surface plane de séparation apparaît, elle se manifeste non pas dans la région médiane de ce brouillard, mais un tiers plus bas. »

M. Kuenen a pu montrer que ces phénomènes avaient été observés en des systèmes où la lenteur de la diffusion n'avait pas permis à l'équilibre de s'établir; au moyen d'un petit agitateur, il a pu faire cesser ces apparences et observer la diminution graduelle de la masse du liquide, telle que la théorie la faisait prévoir.

CHAPITRE IV.

DISSOLUTION DES GAZ PARFAITS.

§ I. — **Mélanges formés de deux couches, dont l'une se compose de gaz parfaits.**

La condition d'équilibre d'un mélange formé de deux couches est exprimée par les égalités (4) du Chapitre I,

$$(1) \qquad \begin{cases} f_1(s, \Pi, T) = F_1(S, \Pi, T), \\ f_2(s, \Pi, T) = F_2(S, \Pi, T), \end{cases}$$

dans lesquelles

s est la concentration de la première couche;

S la concentration de la seconde couche;

f_1, f_2 les fonctions potentielles thermodynamiques des corps 1 et 2 au sein de la première couche;

F_1, F_2 les fonctions potentielles thermodynamiques des corps 1 et 2 au sein de la seconde couche.

Ces égalités sont générales. Nous allons chercher quelle forme particulière elles prennent lorsque la première couche est un mélange de gaz que l'on peut regarder comme sensiblement parfaits, et développer les conséquences qui se déduisent de cette forme particulière.

Le mélange gazeux, dont le volume est V, est formé d'une masse m_1 du gaz 1 et d'une masse m_2 du gaz 2. Pour maintenir en équilibre la masse m_1, prise isolément, dans le volume V, à la température T, il faudrait lui appliquer une pression partielle p_1. Pour maintenir en équilibre la masse m_2, prise isolément, dans le volume V, à la température T, il faudrait lui appliquer une pression partielle p_2. La définition d'un mélange de gaz parfaits [1] nous enseigne que pour maintenir le mélange des deux masses m_1, m_2 en équilibre sous le volume V, à la température T, il faut lui appliquer une pression

$$(2) \qquad \Pi = p_1 + p_2.$$

Soit $\Phi_1(p_1, T)$ le potentiel thermodynamique sous la pression constante p_1, à la température T, de l'unité de masse du gaz 1. Soit $\Phi_2(p_2, T)$ le potentiel thermodynamique sous la pression constante p_2, à la température T, de l'unité de masse du gaz 2. Soit $h(m_1, m_2, \Pi, T)$ le potentiel thermodynamique sous la pression constante Π, à la température T, du mélange formé par les masses m_1, m_2 des gaz 1 et 2. La même définition nous apprend que

$$(3) \qquad h(m_1, m_2, \Pi, T) = m_1 \Phi_1(p_1, T) + m_2 \Phi_2(p_2, T).$$

Imaginons que, la température T et la pression Π demeurant invariables, on fasse varier les masses m_1, m_2 de quantités infiniment petites arbitraires dm_1, dm_2; la quantité $h(m_1, m_2, \Pi, T)$ subira une variation

$$(4) \quad \left\{ \begin{aligned} dh(m_1, m_2, \Pi, T) &= \Phi_1(p_1, T)\, dm_1 + \Phi_2(p_2, T)\, dm_2, \\ &\quad + m_1 \frac{\partial \Phi_1(p_1, T)}{\partial p_1}\, dp_1 + m_2 \frac{\partial \Phi_2(p_2, T)}{\partial p_2}\, dp_2. \end{aligned} \right.$$

Soit w_1 le volume spécifique du gaz 1 sous la pression p_1, à la température T; soit w_2 le volume spécifique du gaz 2 sous la pression p_2, à la température T; nous aurons

$$(5) \qquad \frac{\partial \Phi_1(p_1, T)}{\partial p_1} = w_1, \qquad \frac{\partial \Phi_2(p_2, T)}{\partial p_2} = w_2.$$

---

[1] P. DUHEM, *Sur la dissociation dans les systèmes qui renferment un mélange de gaz parfaits*, Chap. II (*Travaux et Mémoires des Facultés de Lille*, t. II, n° 8; 1892).

D'ailleurs,

$$m_1 w_1 = m_2 w_2 = V.$$

Nous pouvons donc écrire

$$m_1 \frac{\partial \Phi_1(p_1, T)}{\partial p_1} dp_1 - m_2 \frac{\partial \Phi_2(p_2, T)}{\partial p_2} dp_2 = V(dp_1 + dp_2).$$

Pour que la pression Π demeure constante, il faut et il suffit, en vertu de l'égalité (3), que

$$dp_1 + dp_2 = 0.$$

Cette condition permet d'écrire

$$m_1 \frac{\partial \Phi_1(p_1, T)}{\partial p_1} dp_1 + m_2 \frac{\partial \Phi_2(p_2, T)}{\partial p_3} dp_2 = 0,$$

en sorte que l'égalité (4) devient

$$d h(m_1, m_2, \Pi, T) = \Phi_1(p_1, T) dm_1 + \Phi_2(p_2, T) dm_2,$$

égalité qui équivaut à celles-ci :

$$\frac{\partial h(m_1, m_2, \Pi, T)}{\partial m_1} = \Phi_1(p_1, T),$$

$$\frac{\partial h(m_1, m_2, \Pi, T)}{\partial m_2} = \Phi_2(p_2, T).$$

On a d'ailleurs, par définition,

$$\frac{\partial h(m_1, m_2, \Pi, T)}{\partial m_1} = f_1(s, \Pi, T),$$

$$\frac{\partial h(m_1, m_2, \Pi, T)}{\partial m_2} = f_2(s, \Pi, T).$$

Si donc la première couche du mélange double est un mélange de gaz parfaits, on a

$$(6) \quad \begin{cases} f_1(s, \Pi, T) = \Phi_1(p_1, T), \\ f_2(s, \Pi, T) = \Phi_2(p_2, T), \end{cases}$$

et les conditions d'équilibre (1) *du mélange double deviennent*

$$(7) \quad \begin{cases} F_1(S, \Pi, T) = \Phi_1(p_1, T), \\ F_2(S, \Pi, T) = \Phi_2(p_2, T). \end{cases}$$

Ces égalités peuvent être simplifiées. Si l'on désigne par $V(S, \Pi, T)$ le volume spécifique de la seconde couche, on a

$$\frac{\partial F_1(S, \Pi, T)}{\partial \Pi} = V(S, \Pi, T) - S(1+S)\frac{\partial V(S, \Pi, T)}{\partial S},$$

$$\frac{\partial F_2(S, \Pi, T)}{\partial \Pi} = V(S, \Pi, T) + (1+S)\frac{\partial V(S, \Pi, T)}{\partial S}.$$

Si l'on observe que le volume spécifique de la couche liquide est négligeable, on pourra remplacer ces égalités par les égalités

$$\frac{\partial F_1(S, \Pi, T)}{\partial \Pi} = 0, \qquad \frac{\partial F_2(S, \Pi, T)}{\partial \Pi} = 0,$$

en vertu desquelles les fonctions F_1, F_2 peuvent être regardées comme sensiblement indépendantes de la pression Π. Les conditions d'équilibre (7) peuvent alors s'écrire simplement

$$(8) \qquad \begin{cases} F_1(S, T) = \Phi_1(p_1, T), \\ F_2(S, T) = \Phi_2(p_2, T). \end{cases}$$

Elles nous montrent que, *si l'on se donne la concentration S de la couche liquide et la température, les pressions partielles des corps 1 et 2 dans le mélange gazeux sont entièrement déterminées,* en sorte que l'on peut poser

$$(9) \qquad \begin{cases} p_1 = p_1(S, T), \\ p_2 = p_2(S, T), \end{cases}$$

Si l'on différentie les égalités (8) en tenant compte des égalités (5), on trouve les égalités

$$(10) \qquad \begin{cases} \dfrac{\partial F_1(S, T)}{\partial S} = \varpi_1(p_1, T)\dfrac{\partial p_1(S, T)}{\partial S}, \\ \dfrac{\partial F_2(S, T)}{\partial S} = \varpi_2(p_2, T)\dfrac{\partial p_2(S, T)}{\partial S}. \end{cases}$$

Nous savons d'ailleurs que l'on a

$$\frac{\partial F_1(S, T)}{\partial S} < 0, \qquad \frac{\partial F_2(S, T)}{\partial S} > 0.$$

Les égalités (10) entraînent donc les inégalités

$$(11) \qquad \frac{\partial p_1}{\partial S} < 0, \qquad \frac{\partial p_2}{\partial S} > 0.$$

Lorsqu'on augmente la concentration du mélange liquide, sans faire varier la température, on fait croître, dans le mélange gazeux, la pression partielle du corps 2 et l'on diminue la pression partielle du corps 1.

Soient

α_1 l'atomicité du gaz 1,

α_2 l'atomicité du gaz 2,

ϖ_1 le poids moléculaire du gaz 1,

ω_2 le poids moléculaire du gaz 2,

Σ le volume spécifique de l'hydrogène dans les conditions normales de température et de pression,

R une constante qui a la même valeur pour tous les gaz parfaits.

On a

$$w_1(p_1, T) = \frac{4\,\Sigma\,R}{\alpha_1\varpi_1}\,\frac{T}{p_1}, \qquad w_2(p_2, T) = \frac{4\,\Sigma\,R}{\alpha_2\varpi_2}\,\frac{T}{p_2},$$

et les égalités (10) deviennent

$$(12) \qquad \begin{cases} \dfrac{\partial F_1(S, T)}{\partial S} = \dfrac{4\,\Sigma\,R}{\alpha_1\varpi_1}\,T\,\dfrac{\partial \log p_1(S, T)}{\partial S}, \\[2ex] \dfrac{\partial F_2(S, T)}{\partial S} = \dfrac{4\,\Sigma\,R}{\alpha_2\varpi_2}\,T\,\dfrac{\partial \log p_2(S, T)}{\partial S}. \end{cases}$$

L'identité

$$\frac{\partial F_1(S, T)}{\partial S} + S\,\frac{\partial F_2(S, T)}{\partial S} = 0,$$

appliquée, soit aux égalités (10), soit aux égalités (11), nous donne les égalités

$$(13) \qquad w_1(p_1, T)\,\frac{\partial p_1(S, T)}{\partial S} + S\,w_2(p_2, T)\,\frac{\partial p_2(S, T)}{\partial S} = 0,$$

$$(14) \qquad \frac{1}{\alpha_1\varpi_1}\,\frac{\partial \log p_1(S, T)}{\partial S} + \frac{S}{\alpha_2\varpi_2}\,\frac{\partial \log p_2(S, T)}{\partial S} = 0.$$

Les diverses égalités et inégalités que nous venons d'établir servent de fondements aux développements qui vont suivre ; dans le présent Chapitre, nous les appliquerons à l'étude des phénomènes qui accompagnent la dissolution des gaz parfaits.

§ II. — Loi de Henry. Conséquences.

Le volume de la dissolution est

$$(M_1 + M_2)\, V(S, T),$$

en désignant par M_1 la masse du dissolvant et par M_2 la masse du gaz dissous ; si cette masse M_2 était répandue à l'état gazeux dans un pareil volume, elle y exercerait une pression $\mathfrak{P}_2$ donnée par l'égalité

$$(M_1 + M_2)\, V(S, T)\, \mathfrak{P}_2 = \frac{4\,\Sigma\,R}{\alpha_2\,\varpi_2}\, T M_2,$$

qui peut encore s'écrire

$$(1 + S)\, V(S, T)\, \mathfrak{P}_2 = \frac{4\,\Sigma\,R}{\alpha_2\,\varpi_2}\, T S.$$

Bornons-nous au cas où le gaz est très faiblement soluble dans le liquide ; soit $u_1(T)$ le volume spécifique du liquide à la température T et à l'état de pureté ; S étant très petit, l'égalité précédente peut s'écrire

$$(15) \qquad u_1(T)\, \mathfrak{P}_2 = \frac{4\,\Sigma\,R}{\alpha_2\,\varpi_2}\, T S.$$

La loi de Henry s'énonce ainsi :

Entre la pression $\mathfrak{P}_2$ et la pression partielle p_2 du gaz 2 dans le mélange aériforme qui surmonte la dissolution, il y a un rapport $C_2(T)$ qui dépend seulement de la nature du gaz 2 et de la température,

$$(16) \qquad \frac{\mathfrak{P}_2}{p_2} = C_2(T).$$

Les égalités (15) et (16) donnent

$$(17) \qquad p_2 = \frac{4\,\Sigma\,R}{\alpha_2\,\varpi_2} \frac{T}{u_1(T)\, C_2(T)}\, S.$$

On déduit de cette égalité

$$(18) \qquad \frac{\partial \log p_2(S, T)}{\partial S} = \frac{1}{S},$$

en sorte que l'égalité (14) devient

$$(19) \qquad \frac{\partial \log p_1(S, T)}{\partial S} = - \frac{\alpha_1 \varpi_1}{\alpha_2 \varpi_2}.$$

Les égalités (12) deviennent donc, pour une dissolution gazeuse qui suit la loi de Henry,

$$(20) \qquad \begin{cases} \dfrac{\partial F_1(S, T)}{\partial S} = - \dfrac{4 \Sigma R}{\alpha_2 \varpi_2} T, \\[2ex] \dfrac{\partial F_2(S, T)}{\partial S} = \dfrac{4 \Sigma R}{\alpha_2 \varpi_2} \dfrac{T}{S}. \end{cases}$$

Si l'on se reporte à la définition, donnée ailleurs ([1]), des corps dissous qui appartiennent à la *série normale*, on voit que ces égalités permettent d'énoncer la proposition suivante :

Tous les gaz DIATOMIQUES *dont les dissolutions dans un même liquide suivent la loi de Henry, appartiennent, par rapport à ce dissolvant, à la série normale.*

Cette conséquence prête à une vérification expérimentale; si l'on détermine la constante i de la loi de M. Van't Hoff pour une dissolution gazeuse qui suit la loi de Henry, on devra trouver pour i la valeur 1.

M. Raoult a déterminé l'abaissement du point de congélation de l'eau à la suite de la dissolution de l'acide sulfurique, de l'ammoniaque et de l'acide sulfureux; ces diverses dissolutions suivent *très grossièrement* la loi de Henry; néanmoins, les expériences de M. Raoult donnent pour i les valeurs suivantes :

$$\begin{aligned} H^2 S &\ldots\ldots\ldots\ldots\ldots\ldots\ldots & i &= 1,04 \\ Az H^3 &\ldots\ldots\ldots\ldots\ldots\ldots\ldots & i &= 1,03 \\ SO^2 &\ldots\ldots\ldots\ldots\ldots\ldots\ldots & i &= 1,03 \end{aligned}$$

qui s'accordent bien avec la proposition qui précède.

C'est à M. J.-H. Van't Hoff ([2]) que l'on doit l'importante re-

---

([1]) P. DUHEM, *Dissolutions et mélanges. Deuxième Mémoire : Les propriétés physiques des dissolutions*, Chap. I, § V.

([1]) J.-H. VAN'T HOFF, *Lois de l'équilibre chimique dans l'état dilué, gazeux ou dissous* (*Kongl. svenska Vetenskaps-Akademiens Handlingar*. Bandet XXI, n° 17, p. 29; 1886).

marque que les gaz diatomiques suivant la loi de Henry appartiennent à la série normale.

L'égalité (19) s'intègre sans peine. Si nous désignons par $P_1(T)$ la valeur de $p_1(S, T)$ pour $S = 0$, c'est-à-dire la tension de vapeur saturée du dissolvant pur, à la température T, cette égalité nous donne

$$(21) \qquad p_1(S, T) = P_1(T) e^{-\frac{\alpha_1 \varpi_1}{\alpha_2 \varpi_2} S}.$$

Comme S est d'ailleurs supposé très petit, on voit que $p_1(S, T)$ diffère très peu de $P_1(T)$.

§ III. — Chaleur de dissolution d'un gaz.

Nous verrons, au prochain Chapitre, que l'égalité (21) entraîne la conséquence suivante :

Si une dissolution gazeuse suit la loi de Henry, la dilution de cette dissolution ne met en jeu aucune quantité de chaleur.

Nous allons, au présent paragraphe, nous proposer de déterminer la quantité de chaleur dégagée par la dissolution d'un gaz dans un liquide, lorsque la dissolution suit la loi de Henry.

Nous supposerons que, pendant toute la durée de la dissolution, la pression partielle p_2 du gaz soit maintenue constante dans le mélange aériforme qui surmonte la dissolution. La tension de la vapeur du dissolvant demeurant sensiblement constante pendant cette dissolution, il en sera de même de la pression totale Π supportée par le système. Soit x la concentration initiale de la dissolution, que *nous ne supposons pas saturée*. Si une masse δM_2 de gaz se dissout, il se dégage une quantité de chaleur $\lambda_2 \delta M_2$. Si $\mathfrak{H}$ est le potentiel thermodynamique du système sous la pression constante Π, à la température T, on aura

$$E \lambda_2 \delta M_2 = \delta \left(T \frac{\partial \mathfrak{H}}{\partial T} - \mathfrak{H} \right).$$

Or on a

$$\mathfrak{H} = m_1 \Phi_1(p_1, T) + m_2 \Phi_2(p_2, T) + M_1 F_1(x, T) + M_2 F_2(x, T)$$

et

$$\delta \mathfrak{H} = [F_2(x, T) - \Phi_2(p_2, T)] \delta M_2.$$

Par conséquent,

$$(22) \quad E\lambda_2 = \left[\Phi_2(p_2, T) - T\frac{\partial \Phi_2(p_2, T)}{\partial T} \right] - \left[F_2(x, T) - T\frac{\partial F_2(x, T)}{\partial T} \right].$$

Soit S la concentration de la solution saturée, sous la pression particielle p_2 du gaz 2, à la température T; nous aurons, en vertu des égalités (8),

$$F_2(S, T) = \Phi_2(p_2, T),$$

et, par conséquent,

$$\frac{\partial F_2(S, T)}{\partial S}\frac{\partial S}{\partial T} + \frac{\partial F_2(S, T)}{\partial T} - \frac{\partial \Phi_2(p_2, T)}{\partial T} = 0.$$

En vertu de ces égalités, l'égalité (22) peut s'écrire

$$(23) \quad E\lambda_2 = -T\frac{\partial F_2(S, T)}{\partial S}\frac{\partial S}{\partial T} + \int_x^S\frac{\partial}{\partial s}\left[F_2(s, T) - T\frac{\partial F_2(s, T)}{\partial T} \right] ds.$$

Cette égalité (23) ne suppose pas l'exactitude de la loi de Henry. Invoquons maintenant cette loi, qui entraîne les égalités (20); ces égalités nous donneront

$$\frac{\partial}{\partial s}\left[F_2(s, T) - T\frac{\partial F_2(s, T)}{\partial T} \right] = 0,$$

et l'égalité (23) pourra s'écrire

$$(24) \quad \lambda_2 = -\frac{4\Sigma}{\alpha_2\varpi_2}\frac{R}{E}T^2\frac{\partial \log S(p_2, T)}{\partial T}.$$

L'égalité (17) donne, d'ailleurs,

$$S(p_2, T) = \frac{\alpha_2\varpi_2}{4\Sigma R}\frac{u_1(T) C_2(T)}{T}p_2.$$

Nous pouvons négliger les variations que la température fait éprouver au volume spécifique du dissolvant, et poser simplement $u_1(T) = u_1$. L'égalité précédente nous donnera alors

$$\frac{\partial \log S(p_2, T)}{\partial T} = \frac{\partial \log C_2(T)}{\partial T} - \frac{1}{T},$$

en sorte que l'égalité (24) prendra la forme

$$(25) \quad \lambda_2 = \frac{4\Sigma}{\alpha_2\varpi_2}\frac{R}{E}T\left[1 - T\frac{d \log C_2(T)}{dT} \right].$$

La chaleur de dissolution d'un gaz ne dépend ni de la concentration initiale de la dissolution, ni de la pression sous laquelle la transformation se produit; elle ne dépend que de la température; en outre, comme le coefficient de solubilité varie en sens inverse de la température, *elle est positive pour tous les gaz et tous les dissolvants.*

Cette remarquable formule est due à G. Kirchhoff ([1]), qui l'a obtenue par des considérations très différentes des précédentes; nous avons indiqué ([2]) celles-ci en 1888.

CHAPITRE V.

LES MÉLANGES DE LIQUIDES VOLATILS.

§ I. — Propriétés générales des vapeurs émises par un mélange de liquides volatils.

Considérons un mélange de liquides volatils, 1 et 2, et supposons d'abord ces deux liquides miscibles en toute proportion; le mélange liquide renferme des masses M_1, M_2, des corps 1 et 2. Posons

$$x = \frac{M_2}{M_1}.$$

A une température déterminée T, dans le mélange gazeux qui surmonte le mélange liquide, les vapeurs des corps 1 et 2 atteignent des tensions partielles p_1, p_2, qui sont des fonctions de x et de T déterminées par les égalités [Chap. IV, égalités (8)]

$$(1) \qquad \begin{cases} F_1(x, T) = \Phi_1(p_1, T), \\ F_2(x, T) = \Phi_2(p_2, T). \end{cases}$$

([1]) G. Kirchhoff, *Ueber einen Satz der mechanischen Wärmetheorie und einige Anwendungen desselben* (*Poggendorff's Annalen*, Bd. CIII, p. 177; 1858. — *Kirchhoff's Abhandlungen*, p. 463).

([2]) P. Duhem; *Sur quelques propriétés des dissolutions* (*Journal de Physique*, 2ᵉ série, t. VII, p. 5; 1888).

Nous avons vu que ces égalités entraînaient les inégalités suivantes [Chap. IV, inégalités (11)]

$$(2) \quad \begin{cases} \dfrac{\partial p_1(x, T)}{\partial x} < 0, \\[2mm] \dfrac{\partial p_2(x, T)}{\partial x} > 0. \end{cases}$$

De la seconde de ces inégalités, il résulte que la tension partielle $p_2(x, T)$ atteint, à la température T, sa plus grande valeur pour $x = +\infty$; or, cette valeur est la tension $P_2(T)$ de la vapeur saturée du liquide 2 pris à l'état de pureté.

De la première inégalité (2), il résulte que la tension partielle $p_1(x, T)$, atteint, à la température T, sa plus grande valeur pour $x = 0$; or cette valeur est la tension de vapeur saturée $P_1(T)$ du liquide 1 pris à l'état de pureté.

On a donc assurément

$$p_1(x, T) + p_2(x, T) < P_1(T) + P_2(T).$$

La tension de la vapeur mixte émise par un mélange de liquides volatils est toujours inférieure, à une température donnée, à la somme des tensions des vapeurs saturées émises, à la même température, par chacun des deux liquides qui composent le mélange.

Ce théorème est conforme aux observations de Regnault et de tous les physiciens qui, après lui, ont étudié la vaporisation des mélanges liquides.

La démonstration qui précède suppose que l'on puisse faire croître x d'une manière continue de 0 à $+\infty$; elle devient illusoire lorsque cette condition n'est pas remplie. La généralisation du théorème précédent et son extension aux liquides qui ne se dissolvent que partiellement nécessitent que l'on démontre au préalable un théorème important.

Imaginons que les liquides 1 et 2 ne se dissolvent que partiellement.

Prenons une masse fixe M_1 du liquide 1 et ajoutons-y une masse croissante M_2 du liquide 2. La concentration $x = \dfrac{M_2}{M_1}$ croît d'abord de zéro jusqu'à une certaine limite $s(T)$. Si l'on continue à faire croître la masse du liquide 2, le mélange se sépare en deux couches, l'une de concentration $s(T)$, l'autre de concentration $S(T)$. Lorsque la valeur de la masse M_2 atteint, puis dépasse, le produit $M_1 S(T)$, le mélange redevient homogène et la concentration x croit de $S(T)$ à $+\infty$.

Lorsque x est compris entre o et s, les fonctions potentielles des liquides mélangés sont les fonctions $F_1(x, T)$, $F_2(x, T)$; les pressions partielles des vapeurs émises par ces liquides sont données par les équations (1).

Lorsque x est compris entre S et $+\infty$, les fonctions potentielles des liquides mélangés sont les fonctions $F'_1(x, T)$, $F'_2(x, T)$; les pressions partielles $p'_1(x, T)$, $p'_2(x, T)$ des vapeurs émises par ces liquides sont déterminées par les égalités

$$(\text{1 } bis)\qquad \begin{cases} F'_1(x, T) = \Phi_1(p'_1, T), \\ F'_2(x, T) = \Phi_2(p'_2, T). \end{cases}$$

Les concentrations $s(T)$ et $S(T)$ des deux couches qui peuvent subsister en équilibre, au contact l'une de l'autre, sont déterminées par les égalités [Chap. I, égalités (4)],

$$(3)\qquad \begin{cases} F_1(s, T) = F'_1(S, T), \\ F_2(s, T) = F'_2(S, T), \end{cases}$$

Les égalités (1), (1 bis) et (3) donnent évidemment les égalités

$$(4)\qquad \begin{cases} p_1(s, T) = p'_1(S, T), \\ p_2(s, T) = p'_2(S, T), \end{cases}$$

qui expriment le théorème suivant :

Séparons chacune des deux couches qui peuvent, à la température T, subsister en équilibre au contact l'une de l'autre; chacun de ces deux mélanges émet une vapeur mixte; ces deux vapeurs mixtes ont, à la température T, même tension et même composition.

Ce théorème a été contrôlé par les expériences de M. D. Konowalow [1].

---

[1] D. KONOWALOW, *Ueber die Dampfspannungen der Flüssigkeitsgemischen* (*Wiedemann's Annalen*, t. XIV, p. 219; 1881).

Ce théorème va nous permettre de généraliser celui qui précède.

Les égalités (1) permettent d'écrire les inégalités (2) pour toutes les valeurs de x comprises entre o et $s(T)$. On déduira de ces inégalités, pour toute valeur de x comprise entre o et s,

$$(5) \qquad \begin{cases} p_1(x, T) < P_1(T), \\ p_2(x, T) < p_2(s, T). \end{cases}$$

Les égalités (1 *bis*) permettent d'écrire, pour toute valeur de x comprise entre $S(T)$ et $+\infty$, les inégalités

$$(2\ bis) \qquad \begin{cases} \dfrac{\partial p'_1(x, T)}{\partial x} < o, \\[2mm] \dfrac{\partial p'_2(x, T)}{\partial x} > o, \end{cases}$$

qui entraînent, pour toute valeur de x comprise entre $S(T)$ et $+\infty$,

$$(5\ bis) \qquad \begin{cases} p'_1(x, T) < p'_1(S, T), \\ p'_2(x, T) < P_2(T). \end{cases}$$

Les inégalités (5) et (5 *bis*), jointes aux égalités (4), montrent que l'on a, pour toute valeur de x comprise entre o et s, ou entre S et $+\infty$,

$$p_1(x, T) < P_1(T),$$
$$p_2(x, T) < P_2(T)$$

et, par conséquent,

$$p_1(x, T) + p_2(x, T) < P_1(T) + P_2(T),$$

ce qui étend notre premier théorème aux liquides qui ne se mélangent pas en toute proportion.

Imaginons que l'on maintienne constante la température T et que l'on fasse varier la concentration x du mélange liquide; les pressions partielles $p_1(x, T)$, $p_2(x, T)$, données par les égalités (1), varieront; désignons par

$$\Pi = p_1 + p_2$$

la pression totale; cette pression sera liée à la concentration x par la relation

$$(6) \qquad d\Pi = \left(\dfrac{\partial p_1}{\partial x} + \dfrac{\partial p_2}{\partial x} \right) dx.$$

Mais les égalités (1) donnent [Chap. IV, égalités (12)]

$$(7)\qquad\begin{cases}\dfrac{\partial F_1(x,T)}{\partial x}=\dfrac{4\,\Sigma\,R}{\alpha_1\,\varpi_1}\,T\,\dfrac{\partial\log p_1}{\partial x},\\[2ex]\dfrac{\partial F_2(x,T)}{\partial x}=\dfrac{4\,\Sigma\,R}{\alpha_2\,\varpi_2}\,T\,\dfrac{\partial\log p_2}{\partial x}\end{cases}$$

ou bien

$$\frac{\partial p_1}{\partial x}=\frac{\alpha_1\,\varpi_1\,p_1}{4\,\Sigma\,RT}\,\frac{\partial F_1(x,T)}{\partial x};$$

$$\frac{\partial p_2}{\partial x}=\frac{\alpha_2\,\varpi_2\,p_2}{4\,\Sigma\,RT}\,\frac{\partial F_2(x,T)}{\partial x}.$$

Ces égalités, jointes à l'égalité (6), donnent

$$d\Pi=\frac{1}{4\,\Sigma\,RT}\left[\alpha_1\,\varpi_1\,p_1\,\frac{\partial F_1(x,T)}{\partial x}+\alpha_2\,\varpi_2\,p_2\,\frac{\partial F_2(x,T)}{\partial x}\right]dx$$

ou bien, en vertu de l'identité

$$\frac{\partial F_1(x,T)}{\partial x}+x\,\frac{\partial F_2(x,T)}{\partial x}=0,$$

$$(8)\qquad d\Pi=\frac{1}{4\,\Sigma\,RT}\,\frac{\partial F_2(x,T)}{\partial x}\,(\alpha_2\,\varpi_2\,p_2-\alpha_1\,\varpi_1\,p_1\,x)\,dx.$$

La vapeur mixte occupe un volume V; elle renferme des masses m_1, m_2 de chacune des deux vapeurs; nous avons donc

$$(9)\qquad\begin{cases}p_1V=\dfrac{4\,\Sigma\,R}{\alpha_1\,\varpi_1}\,T\,m_1,\\[2ex]p_2V=\dfrac{4\,\Sigma\,R}{\alpha_2\,\varpi_2}\,T\,m_2.\end{cases}$$

Si nous nous souvenons en outre que $x=\dfrac{M_2}{M_1}$, nous voyons que l'égalité (8) peut s'écrire

$$(10)\qquad d\Pi=\frac{m_1}{V}\,\frac{\partial F_2(x,T)}{\partial x}\left(\frac{m_2}{m_1}-\frac{M_2}{M_1}\right)dx.$$

La quantité $\dfrac{\partial F_2(x,T)}{\partial x}$ est, on le sait, toujours positive. Le signe de $\dfrac{\partial\Pi(x,T)}{\partial x}$ est donc identique au signe de

$$\frac{m_2}{m_1}-\frac{M_2}{M_1}.$$

Par conséquent :

1° *Si la concentration $\frac{m_2}{m_1}$ de la vapeur est supérieure à la concentration $\frac{M_2}{M_1}$ du liquide, la tension totale de la vapeur mixte croît lorsqu'on fait croître la concentration du liquide;*

2° *Si la concentration $\frac{m_2}{m_1}$ de la vapeur est inférieure à la concentration $\frac{M_2}{M_1}$ du liquide, la tension de la vapeur mixte décroît lorsqu'on fait croître la concentration du mélange liquide;*

3° *Si, pour une composition donnée du liquide, la tension de la vapeur mixte est maxima ou minima, la température étant donnée, la composition de la vapeur est identique à celle du liquide.*

Ces propositions sont dues à M. Konowalow; la première avait été brièvement indiquée par M. Gibbs d'une manière plus générale, ainsi que nous l'avons vu au Chap. 1, § IV.

Si nous nous donnons la pression totale

$$\Pi = p_1 + p_2,$$

les équations (1) détermineront, en fonction de la concentration x du mélange liquide, le point d'ébullition sous la pression Π, $T(x, \Pi)$. En différentiant les équations (1), nous trouvons

$$(11) \quad \begin{cases} \dfrac{\partial F_1}{\partial x} + \dfrac{\partial F_1}{\partial T}\dfrac{\partial T}{\partial x} = \left(\dfrac{\partial \Phi_1}{\partial T} + \dfrac{\partial \Phi_1}{\partial p_1}\dfrac{\partial p_1}{\partial T} \right)\dfrac{\partial T}{\partial x} + \dfrac{\partial \Phi}{\partial p_1}\dfrac{\partial p_1}{\partial x}, \\[2mm] \dfrac{\partial F_2}{\partial x} + \dfrac{\partial F_2}{\partial T}\dfrac{\partial T}{\partial x} = \left(\dfrac{\partial \Phi_2}{\partial T} + \dfrac{\partial \Phi_2}{\partial p_2}\dfrac{\partial p_2}{\partial T} \right)\dfrac{\partial T}{\partial x} + \dfrac{\partial \Phi_2}{\partial p_2}\dfrac{\partial p_2}{\partial x}. \end{cases}$$

En outre, la pression Π étant supposée constante, on a

$$(12) \quad \frac{\partial p_1}{\partial T}\frac{\partial T}{\partial x} + \frac{\partial p_1}{\partial x} + \frac{\partial p_2}{\partial T}\frac{\partial T}{\partial x} + \frac{\partial p_2}{\partial x} = 0.$$

Soit V le volume du système; nous aurons

$$m_1 \frac{\partial \Phi}{\partial p_1} = m_2 \frac{\partial \Phi}{\partial p_2} = V.$$

Multiplions la seconde égalité (12) par $\frac{m_2}{m_1}$ et ajoutons membre à membre ces égalités en tenant compte de l'égalité (12). Nous trouvons

$$(13) \qquad \frac{\partial F_1}{\partial x} + \frac{m_2}{m_1} \frac{\partial F_2}{\partial x} = \left(\frac{\partial \Phi_1}{\partial T} + \frac{m_2}{m_1} \frac{\partial \Phi_2}{\partial T} - \frac{\partial F_1}{\partial T} - \frac{m_2}{m_1} \frac{\partial F_2}{\partial T} \right) \frac{\partial T}{\partial x}.$$

Imaginons qu'une petite quantité de liquide se vaporise, de manière à accroître la masse de la vapeur *sans en modifier la composition*, en sorte que

$$\frac{\delta m_2}{\delta m_1} = \frac{m_2}{m_1}.$$

Soit $l\,\delta m_1$ la quantité de chaleur absorbée dans cette transformation. Nous aurons

$$E\, l\, \delta m_1 = T \left(\frac{\partial F_1}{\partial T} - \frac{\partial \Phi_1}{\partial T} \right) \delta m_1 + T \left(\frac{\partial F_2}{\partial T} - \frac{\partial \Phi_2}{\partial T} \right) \delta m_2$$

$$= T \left(\frac{\partial F_1}{\partial T} + \frac{m_2}{m_1} \frac{\partial F_2}{\partial T} - \frac{\partial \Phi_1}{\partial T} - \frac{m_2}{m_1} \frac{\partial \Phi_2}{\partial T} \right) \delta m_1.$$

Dès lors, en vertu de l'identité

$$\frac{\partial F_1}{\partial x} + x \frac{\partial F_2}{\partial x} = 0,$$

l'égalité (13) deviendra

$$\frac{E\, l}{T} \frac{\partial T(x, \Pi)}{\partial x} = \left(\frac{M_2}{M_1} - \frac{m_2}{m_1} \right) \frac{\partial F_2(x, T)}{\partial x}.$$

Les deux quantités l et $\dfrac{\partial F_2(x, T)}{\partial x}$ sont positives, en sorte que $\dfrac{\partial T(x, \Pi)}{\partial x}$ a le signe de $\left(\dfrac{M_2}{M_1} - \dfrac{m_2}{m_1} \right)$; dès lors, on peut énoncer les propositions suivantes :

1° *Si la concentration du liquide est supérieure à la concentration de la vapeur, le point d'ébullition s'élève lorsqu'on fait croître la température sans changer la pression;*

2° *Si la concentration du liquide est inférieure à la concentration de la vapeur, le point d'ébullition s'abaisse lorsque la concentration du liquide augmente sans que la pression varie;*

3° *Le point d'ébullition est maximum ou minimum, sous une pression donnée, lorsque la vapeur et le liquide ont même composition.*

Ce dernier théorème, nous l'avons vu, est dû à M. J.-W. Gibbs.

Imaginons que, laissant la pression totale Π constante, nous fassions varier la température T de dT; les quantités x, p_1, p_2, liées par les relations (1) et la relation

$$p_1 + p_2 = \Pi$$

subiront des variations déterminées dx, dp_1, dp_2. On aura

$$(14) \quad \begin{cases} \dfrac{\partial F_1}{\partial x} dx + \dfrac{\partial F_1}{\partial T} dT = \dfrac{\partial \Phi_1}{\partial T} dT + \dfrac{\partial \Phi_1}{\partial p_1} dp_1, \\[2mm] \dfrac{\partial F_2}{\partial x} dx + \dfrac{\partial F_2}{\partial T} dT = \dfrac{\partial \Phi_2}{\partial T} dT + \dfrac{\partial \Phi_2}{\partial p_2} dp_2 \end{cases}$$

et

$$(15) \qquad dp_1 + dp_2 = 0.$$

Ajoutons membre à membre les deux égalités (14), après avoir multiplié les deux membres de la seconde par x; en tenant compte de l'identité

$$\frac{\partial F_1}{\partial x} + x \frac{\partial F_2}{\partial x} = 0,$$

nous trouvons

$$(16) \quad \left(\frac{\partial F_1}{\partial T} + x \frac{\partial F_2}{\partial T} - \frac{\partial \Phi_1}{\partial T} - x \frac{\partial \Phi_2}{\partial T} \right) dT = \frac{\partial \Phi_1}{\partial p_1} dp_1 + x \frac{\partial \Phi_2}{\partial p_2} dp_2.$$

Imaginons qu'une petite quantité de vapeur se condense, de manière à accroître la masse du liquide *sans en modifier la composition;* nous aurons, dans une telle modification,

$$\frac{\delta M_2}{\delta M_1} = x.$$

Cette modification dégage une quantité de chaleur $L\,\delta M_1$, et nous avons

$$EL\,\delta M_1 = T \left(\frac{\partial F_1}{\partial T} - \frac{\partial \Phi_1}{\partial T} \right) \delta M_1 + T \left(\frac{\partial F_2}{\partial T} - \frac{\partial \Phi_2}{\partial T} \right) \delta M_2$$

$$= T \left(\frac{\partial F_1}{\partial T} + x \frac{\partial F_2}{\partial T} - \frac{\partial \Phi_1}{\partial T} - x \frac{\partial \Phi_2}{\partial T} \right) \delta M_1.$$

L'égalité (16) devient alors

$$\frac{EL}{T} dT = \frac{\partial \Phi_1}{\partial p_1} dp_1 + x \frac{\partial \Phi_2}{\partial p_2} dp_2.$$

Nous avons vu d'ailleurs que l'on avait

$$m_1 \frac{\partial \Phi_1}{\partial p_1} = m_2 \frac{\partial \Phi_2}{\partial p_2} = V.$$

L'égalité précédente peut donc s'écrire, en vertu de l'égalité (15), ou bien

$$(17) \qquad \frac{EL}{T} dT = \frac{V}{m_2} \left(\frac{m_2}{m_1} - \frac{M_2}{M_1} \right) dp_1$$

ou bien

$$(17\,bis) \qquad \frac{EL}{T} dT = - \frac{V}{m_2} \left(\frac{m_2}{m_1} - \frac{M_2}{M_1} \right) dp_2.$$

La quantité L étant certainement positive, on voit que l'on peut énoncer les propositions suivantes :

1° *Si la concentration de la vapeur est supérieure à la concentration du liquide, en élevant la température du système sous pression constante, on fait croître la pression partielle de la vapeur* 1 *et décroître la pression partielle de la vapeur* 2.

2° *Si la concentration de la vapeur est inférieure à la concentration du liquide, en élevant la température du système sous pression constante, on fait décroître la pression partielle de la vapeur* 1 *et croître la pression partielle de la vapeur* 2.

§ II. — Une observation de Regnault.

A de l'éther, d'abord anhydre, ajoutons des quantités croissantes d'eau ; le mélange, d'abord homogène, ne tarde pas à se séparer en deux couches dont chacune, à une température déterminée, a une composition déterminée, et, par conséquent, émet une vapeur mixte de tension de vapeur déterminée ; de plus, les tensions de vapeur de ces deux couches sont égales entre elles. Aussi, tant que ces deux couches subsistent en présence l'une de l'autre, la tension de vapeur du mélange d'éther et d'eau demeure indépendante des masses relatives de l'éther et de l'eau qui le composent ; elle ne dépend que de la température.

Toutes ces propriétés sont théoriquement nécessaires. Regnault y a joint une observation inattendue ([1]). Si l'on prend un mélange

---

([1]) REGNAULT, *Mémoires de l'Académie des Sciences*, t. XXVI, p. 724.

à volumes égaux d'éther et d'eau, mélange qui est séparé en deux couches, et si l'on détermine la tension de la vapeur saturée émise par ce mélange, on trouve que *cette tension est, à toute température, égale à la tension de vapeur saturée de l'éther anhydre.*

Voici, en effet, les résultats des mesures de Regnault :

Températures.	Forces élastiques		
	du mélange.	de l'éther pur.	de l'eau pure.
	mm	mm	mm
$+15°,56$ C.	362,95	361,4	13,16
20,40	440,32	440,0	17,83
26,73	562,79	563,6	26,09
33,08	710,02	711,6	25,58 [1]
27,99	589,38	590,0	28,08
24,21	510,08	510,0	25,30

« On voit ici, ajoute Regnault, que le mélange, bien loin de donner une vapeur qui ait pour tension la somme des forces élastiques individuelles des substances isolées, présente à peu près celle de l'éther seul. Il est certain néanmoins que la vapeur n'est pas formée par l'éther seul et que la vapeur d'eau s'y trouve mêlée. »

Réservons l'indice 1 à l'éther et l'indice 2 à l'eau. A la température T, les deux couches qui peuvent subsister en présence l'une de l'autre ont pour concentrations respectives $s(T)$ et $S(T)$, $s(T)$ se rapportant à la couche la plus riche en éther, et, par conséquent, étant inférieur à $S(T)$.

Prenons une masse fixe $\mathfrak{M}_1$ d'éther anhydre et ajoutons-y une masse $\mathfrak{M}_2$ d'eau, graduellement croissante. A une température donnée T, étudions comment la tension Π de la vapeur varie avec le rapport $X = \dfrac{\mathfrak{M}_2}{\mathfrak{M}_1}$.

Lorsque X part de zéro, Π part de la tension $P_1(T)$ de l'éther pur ; la ligne représentative (*fig.* 19) part du point P_1.

Lorsque X varie de $s(T)$ à $S(T)$, Π garde une valeur invariable, qui, d'après l'observation de Regnault, est égale à la tension de vapeur saturée de l'éther pur ; la ligne représentative est une droite, aA, parallèle à OX, et dont le prolongement passe au point P_1.

Lorsque X croît de $S(T)$ à $+\infty$, Π diminue de $P_1(T)$ à $P_2(T)$,

---

[1] Cette valeur de la tension de la vapeur d'eau est évidemment erronée.

tension de vapeur saturée de l'eau pure; la ligne représentative décrit un arc AB, asymptote à la ligne $P_2 P'_2$, d'ordonnée $P_2(T)$.

Fig. 19.

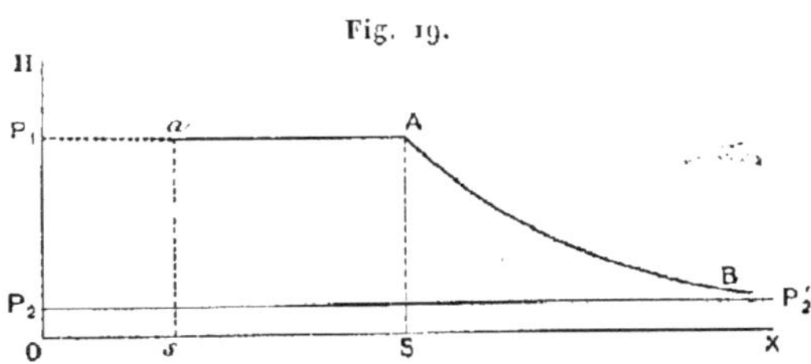

Quelle est la marche de la ligne représentative lorsque X varie de o à $s(T)$?

Il est naturel de supposer que cette ligne est le prolongement $P_1 a$ de la droite aA; que, par conséquent, *lorsqu'on ajoute à de l'éther une quantité d'eau assez petite pour que le mélange ne se sépare pas en deux couches, la tension de la vapeur mixte émise par le mélange demeure, à toute température, égale à la tension de vapeur saturée de l'éther pur.*

Cette hypothèse a été expérimentalement vérifiée par M. L. Marchis (¹), en déterminant les points d'ébullition des mélanges d'éther et d'eau sous la pression atmosphérique. Voici les résultats obtenus par M. L. Marchis; la pression extérieure était de $768^{mm},57$.

	Volume d'eau ajouté à 100ᶜᶜ d'éther anhydre (température extérieure 14°,5).	Point d'ébullition.
Le mélange est homogène.	0ᶜᶜ (éther anhydre)........	+35° C.
	1	35
	1,5	35
	2	35
	2,5	35
Le mélange est séparé en deux couches.	3,5 / 4 / 5 / 10 / 100 / 200	Le point d'ébullition varie entre 34°,9 et 35°.

(¹) L. Marchis, *Sur les mélanges d'éther et d'eau* (*Comptes rendus*, t. CXVI, p. 388; 1893).

Si l'on maintient l'ébullition d'un mélange séparé en deux couches, la température d'ébullition demeure constante jusqu'à ce que la couche supérieure, la plus riche en éther, soit réduite à une pellicule très mince; au moment où celle-ci se déchire, la température s'élève brusquement.

L'observation curieuse faite par Regnault au sujet des mélanges d'éther et d'eau n'est pas entièrement isolée; l'éther amylvalérianique forme, avec l'eau, un mélange qui se sépare en deux couches. Le point d'ébullition du mélange ainsi séparé en deux couches est, d'après les expériences d'Isidore Pierre et Puchot ([1]), égal à 100°, point d'ébullition du plus volatil des deux liquides mélangés, qui est l'eau. Il est extrêmement vraisemblable qu'en ajoutant à de l'eau assez peu d'éther amylvalérianique pour que la séparation en deux couches ne se produise pas, on obtiendra un mélange dont la vapeur mixte aura, à toute température, une tension égale à la tension de vapeur saturée de l'eau pure.

Il n'est pas douteux que l'étude de la vaporisation des mélanges susceptibles de se séparer en deux couches fournirait d'autres exemples de la loi remarquable signalée par Regnault.

Cette loi, nous l'allons voir, nous renseigne d'une manière très complète sur les propriétés des mélanges liquides qui y sont soumis.

Si nous considérons, en effet, un mélange liquide homogène qui, à une température déterminée, émet une vapeur mixte dont la tension ne dépend pas de la composition du mélange, nous pourrons lui appliquer l'égalité (10), qui devra donner constamment

$$d\Pi = 0.$$

Pour cela, il sera nécessaire et suffisant que l'on ait constamment

$$\frac{m_2}{m_1} = \frac{M_2}{M_1}.$$

Ainsi, *si un mélange liquide homogène fournit une vapeur*

([1]) Isidore Pierre et Puchot, *Observations sur la distillation simultanée de plusieurs liquides non miscibles ou sans action dissolvante sensible l'un sur l'autre* (*Annales de Chimie et de Physique,* 4ᵉ série, t. XXVI, p. 145; 1872).

mixte soumise à la loi de Regnault, la vapeur a constamment la même composition que le liquide.

Nous avons supposé, pour démontrer ce théorème, que les liquides avaient un volume spécifique négligeable et que la vapeur mixte était assimilable à un mélange de gaz parfaits; mais on pourrait également l'établir sans invoquer ces restrictions; il suffirait de faire usage de l'égalité (23) du Chapitre I. Cette égalité montre que si la tension totale Π, qui assure l'équilibre d'un mélange formé de deux couches, est, à une température donnée, indépendante de la concentration S de l'une des couches, c'est que les deux couches qui peuvent subsister en équilibre en présence l'une de l'autre ont la même concentration.

Prenons une masse $\mathfrak{M}_1$ du corps 1; ajoutons-y une masse $\mathfrak{M}_2$ du corps 2 jusqu'au moment où, $\mathfrak{M}_2$ atteignant la valeur $\mathfrak{M}_1 s(\mathrm{T})$, le mélange commence à se séparer en deux couches. Supposons que la dissolution du corps 2 dans le corps 1 obéisse à la loi de Regnault jusqu'à ce moment.

A partir du moment où le mélange se sépare en deux couches, la tension de la vapeur et sa composition demeurent invariables. Or, au moment où la séparation a eu lieu, la vapeur avait la composition du mélange homogène, qui devenait, à ce moment-là, précisément égale à la composition de la moins concentrée des deux couches. La vapeur émise par le mélange liquide séparé en deux couches a donc constamment la composition de la moins concentrée des deux couches.

Ainsi, *prenons une dissolution du fluide 2 dans le fluide 1, et supposons que la tension de la vapeur mixte émise par cette dissolution demeure égale à la tension de vapeur saturée du liquide 1 jusqu'au moment où le mélange liquide se sépare en deux couches. Le mélange liquide séparé en deux couches émettra constamment une vapeur dont la tension sera la tension de vapeur saturée du liquide 1, et dont la composition sera identique à celle de la couche la plus riche en liquide 1.*

Par exemple, un mélange d'éther et d'eau séparé en deux couches donnera une vapeur dont la composition sera constamment identique à la composition de la couche la plus riche en éther. Si l'on soumet un pareil mélange à la distillation, ce sera cette couche seule qui passera tout d'abord à la distillation, et la masse de la couche la plus riche en eau ne commencera à décroître que lorsque la première couche aura disparu en entier.

Nous allons voir que la loi de Regnault nous permet de déterminer, pour un mélange liquide qui lui est soumis, l'expression des quantités $\dfrac{\partial F_1(x, T)}{\partial x}$, $\dfrac{\partial F_2(x, T)}{\partial x}$.

Les égalités (9) nous donnent, en effet,

$$\frac{\alpha_1 \varpi_1 p_1}{\alpha_2 \varpi_2 p_2} = \frac{m_1}{m_2}.$$

D'ailleurs, si le mélange suit la loi de Regnault,

$$\frac{m_1}{m_2} = \frac{M_1}{M_2} = \frac{1}{x},$$

en sorte que l'on a, dans ce cas,

$$\frac{\alpha_1 \varpi_1 p_1}{\alpha_2 \varpi_2 p_2} = \frac{1}{x}$$

ou

$$\log \frac{\alpha_1 \varpi_1}{\alpha_2 \varpi_2} + \log p_1 - \log p_2 + \log x = 0,$$

égalité qui permet d'écrire

$$(18) \qquad \frac{\partial \log p_1}{\partial x} - \frac{\partial \log p_2}{\partial x} + \frac{1}{x} = 0.$$

Les égalités

$$(7) \qquad \begin{cases} \dfrac{\partial F_1(x, T)}{\partial x} = \dfrac{4 \Sigma R}{\alpha_1 \varpi_1} T \dfrac{\partial \log p_1}{\partial x}, \\[2ex] \dfrac{\partial F_2(x, T)}{\partial x} = \dfrac{4 \Sigma R}{\alpha_2 \varpi_2} T \dfrac{\partial \log p_2}{\partial x}, \end{cases}$$

comparées à l'égalité (18), donnent

$$\alpha_1 \varpi_1 \frac{\partial F_1(x, T)}{\partial x} - \alpha_2 \varpi_2 \frac{\partial F_2(x, T)}{\partial x} + \frac{4 \Sigma RT}{x} = 0.$$

A cette égalité, joignons l'identité

$$\frac{\partial F_1(x, T)}{\partial x} + x \frac{\partial F_2(x, T)}{\partial x} = 0,$$

et nous trouverons que, *pour un mélange liquide qui suit la loi de Regnault, on a les égalités*

$$(19) \quad \begin{cases} \dfrac{\partial F_1(x, T)}{\partial x} = -\dfrac{4\,\Sigma\,RT}{\alpha_1 \varpi_1 x + \alpha_2 \varpi_2}, \\[3mm] \dfrac{\partial F_2(x, T)}{\partial x} = \dfrac{4\,\Sigma\,RT}{(\alpha_1 \varpi_1 x + \alpha_2 \varpi_2)\,x}. \end{cases}$$

La première de ces égalités (19) s'intègre immédiatement, si l'on observe que, pour $x = 0$, $F_1(x, T)$ se réduit à $\Psi'_1(T)$; elle donne

$$(20) \qquad F_1(x, T) = \Psi'_1(T) + \frac{4\,\Sigma\,R}{\alpha_1 \varpi_1}\,T \log(\alpha_1 \varpi_1 x + \alpha_2 \varpi_2).$$

Nous ferons usage des égalités (19) dans la suite de ce Chapitre; dès maintenant, elles suggèrent quelques remarques.

Pour les valeurs infiniment petites de la concentration x, elles se réduisent aux égalités

$$(21) \quad \begin{cases} \dfrac{\partial F_1(x, T)}{\partial x} = -\dfrac{4\,\Sigma\,RT}{\alpha_2 \varpi_2}, \\[3mm] \dfrac{\partial F_2(x, T)}{\partial x} = \dfrac{4\,\Sigma\,RT}{\alpha_2 \varpi_2 x}. \end{cases}$$

Ces égalités sont aussi celles que nous trouverions si le fluide 2 était un gaz, soluble dans le liquide 1, et si la solution, très peu saturée, suivait la loi de Henry [*voir* Chap. IV, égalités (1)]. Elles caractérisent les corps 2 qui, dissous dans le corps 1, fournissent une dissolution appartenant à la série normale (1). On peut donc énoncer le théorème suivant :

Si un mélange liquide suit la loi de Regnault, et s'il est très peu concentré, il constitue une dissolution appartenant à la série normale.

Il faut d'ailleurs remarquer que les équations (19), exprimant la loi de Regnault, peuvent bien représenter une approximation suffisante pour les mélanges dont la concentration est inférieure à une certaine limite; mais elles ne peuvent fournir l'expression analytique exacte des quantités $\dfrac{\partial F_1}{\partial x}$ et $\dfrac{\partial F_2}{\partial x}$.

---

(1) *Dissolutions et Mélanges*; 2ᵉ Mémoire : *Les propriétés physiques des dissolutions* (*Travaux et Mémoires des Facultés de Lille*, t. III, p. D.18).

Cela est évident s'il s'agit de liquides miscibles en toute proportion.

Les équations (19), en effet, exigent que la vapeur mixte émise par la solution de concentration x ait une tension constamment égale à la tension $P_1(T)$ de la vapeur saturée du liquide; si ces formules étaient exactes quel que soit x, on voit que, pour $x = +\infty$, la tension de vapeur du mélange serait encore égale à $P_1(T)$; or, dans ce cas, elle doit se réduire à la tension de vapeur saturée $P_2(T)$ du liquide 2; les deux tensions $P_1(T)$, $P_2(T)$ seraient donc égales entre elles, ce qui n'a pas lieu en général.

Il semble, tout d'abord, que le même raisonnement ne soit pas applicable aux mélanges liquides qui se séparent en deux couches; on pourrait penser que les formules (19) représentent les expressions analytiques de $\dfrac{\partial F_1(x, T)}{\partial x}$ et de $\dfrac{\partial F_2(x, T)}{\partial x}$ pour les valeurs de x comprises entre o et $s(T)$, et qu'au contraire $\dfrac{\partial F'_1(x, T)}{\partial x}$, $\dfrac{\partial F'_2(x, T)}{\partial x}$ sont représentés par des expressions analytiques différentes pour les valeurs de x comprises entre $S(T)$ et $+\infty$.

Mais une semblable hypothèse est inadmissible si l'on accepte ce que nous avons supposé, au Chapitre II, au sujet des mélanges liquides susceptibles de se partager en deux couches. Nous avons admis que $\dfrac{\partial F_1(x, T)}{\partial x}$ et $\dfrac{\partial F'_1(x, T)}{\partial x}$ constituaient deux branches d'une même fonction $\dfrac{\partial \psi_1(x, T)}{\partial x}$, analytique pour toute valeur de x de o à $+\infty$; que $\dfrac{\partial F_2(x, T)}{\partial x}$ et $\dfrac{\partial F'_2(x, T)}{\partial x}$ constituaient deux branches d'une même fonction $\dfrac{\partial \psi_2(x, T)}{\partial x}$, analytique pour toute valeur de x de o à $+\infty$.

Si l'on observe qu'une fonction de x, analytique pour les valeurs de x comprises entre o et $s(T)$, ne peut se prolonger analytiquement de deux manières distinctes pour les valeurs de x qui surpassent $s(T)$, on voit que l'on ne peut admettre que les égalités (19) représentent les expressions analytiques de $\dfrac{\partial F_1}{\partial x}$, $\dfrac{\partial F_2}{\partial x}$, pour les valeurs de x comprises entre o et $s(T)$, sans admettre en même temps qu'elles représentent les expressions analytiques de $\dfrac{\partial F'_1}{\partial x}$, $\dfrac{\partial F'_2}{\partial x}$ pour les valeurs de x comprises entre $S(T)$ et $+\infty$.

Dès lors, on voit facilement qu'elles exigeraient que la tension de vapeur du mélange demeurât égale à $P_1(T)$ même pour $x = +\infty$, ce qui est impossible, puisqu'elle doit alors égaler $P_2(T)$.

Les formules (19) ne peuvent donc jamais être que des formules approchées, et l'on peut en dire autant des formules (21) avec lesquelles elles se confondent pour des valeurs infiniment petites de x. Il en résulte, en particulier, que *la loi de Regnault ne peut jamais être qu'une loi approchée*.

§ III. — Phénomènes thermiques qui accompagnent le mélange des liquides volatils.

Prenons deux liquides 1 et 2, que nous supposerons tout d'abord miscibles en toute proportion. Formons-en, à la température T, un mélange de concentration x. Si nous ajoutons à ce mélange une masse δM_1 du liquide 1, une quantité de chaleur $L_1 \, \delta M_1$ sera dégagée ; si nous ajoutons une masse δM_2 du liquide 2, une quantité de chaleur $L_2 \, \delta M_2$ sera dégagée. Proposons-nous de calculer les quantités L_1 et L_2.

Nous aurons évidemment

$$EL_1 = \left[T \frac{\partial F_1(x, T)}{\partial T} - F_1(x, T) \right] - \left[T \frac{d \Psi_1'(T)}{dT} - \Psi_1'(T) \right],$$

$$EL_2 = \left[T \frac{\partial F_2(x, T)}{\partial T} - F_2(x, T) \right] - \left[T \frac{d \Psi_2'(T)}{dT} - \Psi_2'(T) \right].$$

Les identités

$$F_1(0, T) = \Psi_1'(T),$$
$$F_2(+\infty, T) = \Psi_2'(T)$$

permettent d'écrire les égalités précédentes sous la forme

$$EL_1 = \int_0^x \left[T \frac{\partial^2 F_1(x, T)}{\partial x \, \partial T} - \frac{\partial F_1(x, T)}{\partial x} \right] dx,$$

$$EL_2 = -\int_x^{+\infty} \left[T \frac{\partial^2 F_2(x, T)}{\partial x \, \partial T} - \frac{\partial F_2(x, T)}{\partial x} \right] dx,$$

ou bien, en vertu des égalités (7), sous la forme

$$EL_1 = \frac{4 \Sigma R}{x_1 \varpi_1} T^2 \int_0^x \frac{\partial^2 \log p_1(x, T)}{\partial x \, \partial T} \, dx,$$

$$EL_2 = -\frac{4 \Sigma R}{x_2 \varpi_2} T^2 \int_x^{+\infty} \frac{\partial^2 \log p_2(x, T)}{\partial x \, \partial T} \, dx.$$

Les identités

$$p_1(0, T) = P_1(T),$$
$$p_2(+\infty, T) = P_2(T)$$

donnent enfin

$$(22) \quad \begin{cases} EL_1 = \dfrac{4 \Sigma R}{\alpha_1 \varpi_1} T^2 \dfrac{\partial}{\partial T} \log \dfrac{p_1(x, T)}{P_1(T)}, \\ EL_2 = \dfrac{4 \Sigma R}{\alpha_2 \varpi_2} T^2 \dfrac{\partial}{\partial T} \log \dfrac{p_2(x, T)}{P_2(T)}. \end{cases}$$

Telles sont les formules qui déterminent les deux chaleurs de dilution du mélange liquide, lorsqu'on sait comment varient les tensions partielles des deux fluides dans la vapeur mixte qui surmonte le mélange.

Les considérations précédentes ne s'appliquent plus sans modification lorsqu'il s'agit d'un mélange susceptible de se séparer en deux couches.

Soient $s(T)$ et $S(T)$ les concentrations des deux couches qui se font équilibre à la température T. Soient $L_1(x, T)$, $L_2(x, T)$ les chaleurs de dilution d'un mélange dont la concentration x est comprise entre o et $s(T)$. Soient $L'_1(x, T)$, $L'_2(x, T)$ les chaleurs de dilution d'un mélange dont la concentration x est comprise entre $S(T)$ et $+\infty$.

Nous aurons encore

$$EL_1 = \left[T \frac{\partial F_1(x, T)}{\partial T} - F_1(x, T) \right] - \left[T \frac{d \Psi'_1(T)}{dT} - \Psi'_1(T) \right],$$

$$EL_2 = \left[T \frac{\partial F_2(x, T)}{\partial T} - F_2(x, T) \right] - \left[T \frac{d \Psi'_2(T)}{dT} - \Psi'_2(T) \right].$$

L'identité

$$F_1(0, T) = \Psi'_1(T)$$

permet encore d'écrire

$$EL_1 = \int_0^x \left[T \frac{\partial^2 F_1(x, T)}{\partial x \partial T} - \frac{\partial F_1(x, T)}{\partial x} \right] dx$$

ou encore

$$(23) \quad EL_1 = \frac{4 \Sigma R}{\alpha_1 \varpi_1} T^2 \frac{\partial}{\partial T} \log \frac{p_1(x, T)}{P_1(T)}.$$

Mais l'expression de EL_2 ne s'obtiendra plus aussi simplement.

L'égalité

$$F_2(s, T) = F'_2(S, T)$$

donnera

$$\frac{\partial F_2(s, T)}{\partial T} + \frac{\partial F_2(s, T)}{\partial s} \frac{d s(T)}{dT} = \frac{\partial F'_2(S, T)}{\partial T} + \frac{\partial F'_2(S, T)}{\partial S} \frac{d S(T)}{dT}.$$

Ces égalités, jointes à l'identité

$$F'_2(+\infty, T) = \Psi'_2(T),$$

permettent d'écrire

$$(24) \quad \begin{cases} EL_2 = -\displaystyle\int_x^{s(T)} \left[T \frac{\partial^2 F_2(x, T)}{\partial x \, \partial T} - \frac{\partial F_2(x, T)}{\partial x} \right] dx \\[2ex] \qquad - \displaystyle\int_{S(T)}^{-\infty} \left[T \frac{\partial^2 F'_2(x, T)}{\partial x \, \partial T} - \frac{\partial F'_2(x, T)}{\partial x} \right] dx \\[2ex] \qquad - T \left[\frac{\partial F_2(s, T)}{\partial s} \frac{d s(T)}{dT} - \frac{\partial F'_2(S, T)}{\partial S} \frac{d S(T)}{dT} \right]. \end{cases}$$

En vertu des égalités (7), nous pourrons écrire

$$\int_x^{s(T)} \left[T \frac{\partial^2 F_2(x, T)}{\partial x \, \partial T} - \frac{\partial F_2(x, T)}{\partial x} \right] dx$$

$$= \frac{4 \Sigma R}{\alpha_2 \varpi_2} T^2 \int_x^{s(T)} \frac{\partial^2 \log p_2(x, T)}{\partial x \, \partial T} \, dx$$

$$= \frac{4 \Sigma R}{\alpha_2 \varpi_2} T^2 \frac{\partial}{\partial T} \log \frac{p_2(x, T)}{p_2[s(T), T]} - \frac{4 \Sigma R}{\alpha_2 \varpi_2} T^2 \frac{\partial \log p_2(s, T)}{\partial s} \frac{d s(T)}{dT},$$

$$\int_{S(T)}^{+\infty} \left[T \frac{\partial^2 F'_2(x, T)}{\partial x \, \partial T} - \frac{\partial F'_2(x, T)}{\partial x} \right] dx$$

$$= \frac{4 \Sigma R}{\alpha_2 \varpi_2} T^2 \int_{S(T)}^{+\infty} \frac{\partial^2 \log p_2(x, T)}{\partial x} \, dx$$

$$= \frac{4 \Sigma R}{\alpha_2 \varpi_2} T^2 \frac{d}{dT} \log \frac{p_2[S(T), T]}{P_2(T)} + \frac{4 \Sigma R}{\alpha_2 \varpi_2} T^2 \frac{\partial \log p_2(S, T)}{\partial S} \frac{d S(T)}{dT},$$

$$\frac{\partial F_2(s, T)}{\partial s} \frac{d s(T)}{dT} - \frac{\partial F'_2(S, T)}{\partial S} \frac{d S(T)}{dT}$$

$$= \frac{4 \Sigma R}{\alpha_2 \varpi_2} T \left[\frac{\partial \log p_2(s, T)}{\partial s} \frac{d s(T)}{dT} - \frac{\partial \log p_2(S, T)}{\partial S} \frac{d S(T)}{dT} \right].$$

Ces égalités permettent de transformer l'égalité (24) en

$$EL_2 = \frac{4 \Sigma R}{\alpha_2 \varpi_2} T^2 \frac{\partial}{\partial T} \left\{ \log \frac{p_2(x, T)}{p_2[s(T), T]} - \log \frac{p_2[S(T), T]}{P_2(T)} \right\}.$$

Remarquons maintenant qu'en vertu de la seconde égalité (4) on a, quel que soit T,

$$p_2[s(T), T] = p_2[S(T), T],$$

et nous verrons sans peine que l'égalité précédente peut s'écrire

$$(23\ bis) \qquad \mathrm{E}L_2 = \frac{4\,\Sigma\,\mathrm{R}}{\alpha_2\,m_2}\,T^2\,\frac{\partial}{\partial T}\log\frac{p_2(x,\,T)}{P_2(T)}.$$

Les deux chaleurs de dilution L_1 et L_2 d'un mélange dont la concentration est comprise entre o et $s(T)$ sont données pour les équations (23) et (23 bis), qui ont même forme que les équations (22). On démontrerait de même que les deux chaleurs de dilution L'_1, L'_2 d'un mélange dont la concentration est comprise entre $S(T)$ et $+\infty$ sont données par des égalités de même forme.

Prenons une masse M_1 du fluide 1 et une masse $M_2 = x M_1$ du fluide 2; supposons que ces deux masses, en se mélangeant à la température T, puissent donner un fluide homogène. Le mélange de ces deux masses dégage une quantité de chaleur

$$Q(x, T)(M_1 + M_2);$$

proposons-nous de déterminer $Q(x, T)$.

Nous aurons évidemment

$$\mathrm{E}(M_1 + M_2)Q(x, T)$$
$$= M_1\left[T\,\frac{\partial F_1(x, T)}{\partial T} - F_1(x, T) - T\,\frac{d\Psi'_1(T)}{dT} + \Psi'_1(T)\right]$$
$$+ M_2\left[T\,\frac{\partial F_2(x, T)}{\partial T} - F_2(x, T) - T\,\frac{d\Psi'_2(T)}{dT} + \Psi'_2(T)\right]$$

ou bien

$$\mathrm{E}(1 + x)Q(x, T)$$
$$= \left[T\,\frac{\partial F_1(x, T)}{\partial T} - F_1(x, T) - T\,\frac{d\Psi'_1(T)}{dT} + \Psi'_2(T)\right]$$
$$+ x\left[T\,\frac{\partial F_2(x, T)}{\partial T} - F_2(x, T) - T\,\frac{d\Psi'_2(T)}{dT} + \Psi'_2(T)\right].$$

Que les deux fluides 1 et 2 soient miscibles en toute proportion, ou, au contraire, que le mélange puisse se séparer en deux couches de composition donnée à chaque température, nous avons vu que l'on avait toujours

$$T\frac{\partial F_1(x,T)}{\partial T} - F_1(x,T) - T\frac{d\Psi'_1(T)}{dT} + \Psi'_1(T) = \frac{4\Sigma R}{\alpha_1\varpi_1}T^2\frac{\partial}{\partial T}\log\frac{p_1(x,T)}{P_1(T)},$$

$$T\frac{\partial F_2(x,T)}{\partial T} - F_2(x,T) - T\frac{d\Psi''_2(T)}{dT} + \Psi'_2(T) = \frac{4\Sigma R}{\alpha_2\varpi_2}T^2\frac{\partial}{\partial T}\log\frac{p_2(x,T)}{P_2(T)}.$$

Nous aurons donc

$$(25)\quad\left\{\begin{aligned}&E(1+x)\,Q(x,T)\\&= 4\Sigma RT^2\left[\frac{1}{\alpha_1\varpi_1}\frac{\partial}{\partial T}\log\frac{p_1(x,T)}{P_1(T)} + \frac{x}{\alpha_2\varpi_2}\frac{\partial}{\partial T}\log\frac{p_2(x,T)}{P_2(T)}\right].\end{aligned}\right.$$

Abordons, enfin, un dernier problème.

Un mélange des fluides 1 et 2 est, à la température T, séparé en deux couches, l'une de concentration $s(T)$, l'autre de concentration $S(T)$. Si l'on mélange au système soit une masse $\delta\mathfrak{M}_1$ du fluide 1, soit une masse $\delta\mathfrak{M}_2$ du fluide 2, les deux couches conservent l'une la concentration $s(T)$, l'autre la concentration $S(T)$, mais la masse de chacune d'elles varie. Dans le premier cas, une quantité de chaleur $\mathcal{L}_1(T)\,\delta\mathfrak{M}_1$, dans le second cas, une quantité de chaleur $\mathcal{L}_2(T)\,\delta\mathfrak{M}_2$, sont dégagées. Calculons $\mathcal{L}_1(T)$, $\mathcal{L}_2(T)$.

Supposons que les deux couches en présence gardent l'une la concentration $s(T)$, l'autre la concentration $S(T)$, mais que, par addition soit du liquide 1, soit du liquide 2, la masse μ de la première augmente de $\delta\mu$ et de la masse μ' de la seconde de $\delta\mu'$. Le système dégagera une quantité de chaleur

$$(26)\qquad dQ = Q(s,T)\,\delta\mu + Q(S,T)\,\delta\mu'.$$

La masse μ se compose d'une masse M_1 du fluide 1 et d'une masse M_2 du fluide 2 ; la masse μ' se compose d'une masse M'_1 du fluide 1 et d'une masse M'_2 du fluide 2 ; on a

$$\mu = M_1 + M_2 = M_1(1+s),$$
$$\mu' = M'_1 + M'_2 = M'_1(1+S),$$

et, par conséquent,

$$(27)\qquad\left\{\begin{aligned}\delta\mu &= (1+s)\,\delta M_1,\\ \delta\mu' &= (1+S)\,\delta M'_1.\end{aligned}\right.$$

Soient $\mathfrak{M}_1$, $\mathfrak{M}_2$ les masses totales des fluides 1 et 2 que le syslème renferme ; nous avons

$$M_1 + M'_1 = \mathfrak{M}_1,$$
$$M_2 + M'_2 = \mathfrak{M}_2$$

ou bien

$$M_1 + \quad M'_1 = \mathfrak{M}_1,$$
$$s\,M_1 + S\,M'_1 = \mathfrak{M}_2,$$

ce qui permet d'écrire

$$\delta M_1 + \quad \delta M'_1 = \delta\mathfrak{M}_1,$$
$$s\,\delta M_1 + S\,\delta M'_1 = \delta\mathfrak{M}_2$$

ou bien

$$(28) \qquad \begin{cases} (S - s)\,\delta M_1 = S\,\delta\mathfrak{M}_1 - \delta\mathfrak{M}_2, \\ (S - s)\,\delta M'_1 = \delta\mathfrak{M}_2 - s\,\delta\mathfrak{M}_1. \end{cases}$$

Les égalités (26), (27) et (28) donnent

$$(29) \qquad \begin{cases} (S - s)\,dQ = (1 + s)\,Q(s, T)(S\,\delta\mathfrak{M}_1 - \delta\mathfrak{M}_2) \\ \qquad\qquad - (1 + S)\,Q(S, T)(\delta\mathfrak{M}_2 - s\,\delta\mathfrak{M}_1). \end{cases}$$

Si, dans cette égalité, nous faisons $\delta\mathfrak{M}_2 = 0$, nous aurons

$$dQ = \mathcal{L}_1(T)\,\delta\mathfrak{M}_1;$$

si, au contraire, nous faisons $\delta\mathfrak{M}_1 = 0$, nous aurons

$$dQ = \mathcal{L}_2(T)\,\delta\mathfrak{M}_2;$$

nous aurons donc

$$(30) \qquad \begin{cases} (S - s)\,\mathcal{L}_1(T) = S(1 + s)\,Q(s, T) - s(1 + S)\,Q(S, T), \\ (S - s)\,\mathcal{L}_2(T) = (1 + S)\,Q(S, T) - (1 + s)\,Q(s, T). \end{cases}$$

Mais l'égalité (25) nous donne

$$E(1 + s)\,Q(s, T)$$
$$= 4\Sigma RT^2 \left\{ \frac{1}{\alpha_1 \varpi_1} \frac{d}{dT} \log \frac{p_1[s(T), T]}{P_1(T)} + \frac{s(T)}{\alpha_2 \varpi_2} \frac{d}{dT} \log \frac{p_2[s(T), T]}{P_2(T)} \right\}$$
$$- 4\Sigma RT^2 \left[\frac{1}{\alpha_1 \varpi_1} \frac{\partial \log p_1(s, T)}{\partial s} + \frac{s(T)}{\alpha_2 \varpi_2} \frac{\partial \log p_2(s, T)}{\partial s} \right] \frac{ds(T)}{dT},$$

$$E(1 + S)\,Q(S, T)$$
$$= 4\Sigma RT^2 \left\{ \frac{1}{\alpha_1 \varpi_1} \frac{d}{dT} \log \frac{p_1[S(T), T]}{P_1(T)} + \frac{S(T)}{\alpha_2 \varpi_2} \frac{d}{dT} \log \frac{p_2[S(T), T]}{dT} \right\}$$
$$- 4\Sigma RT^2 \left[\frac{1}{\alpha_1 \varpi_1} \frac{\partial \log p_1(S, T)}{\partial S} + \frac{S(T)}{\alpha_2 \varpi_2} \frac{\partial \log p_2(S, T)}{\partial S} \right] \frac{dS(T)}{dT}.$$

Si l'on tient compte de ces égalités et des égalités [Chap. IV, égalités (14)],

$$\frac{1}{\alpha_1\varpi_1}\frac{\partial \log p_1(s,\,T)}{\partial s} + \frac{s}{\alpha_2\varpi_2}\frac{\partial \log p_2(s,\,T)}{\partial s} = 0,$$

$$\frac{1}{\alpha_1\varpi_1}\frac{\partial \log p_1(S,\,T)}{\partial S} + \frac{S}{\alpha_2\varpi_2}\frac{\partial \log p_2(S,\,T)}{\partial S} = 0,$$

ainsi que des égalités

$$p_1[s(T),\,T] = p_1[S(T),\,T],$$
$$p_2[s(T),\,T] = p_2[S(T),\,T],$$

qui sont vérifiées quel que soit T, on trouve

$$(31)\qquad
\begin{cases}
\mathcal{L}_1(T) = \dfrac{4\Sigma R}{\alpha_1\varpi_1 E}\,T^2\,\dfrac{d}{dT}\log\dfrac{p_1[s(T),\,T]}{P_1(T)} \\[2ex]
\qquad\ = \dfrac{4\Sigma R}{\alpha_1\varpi_1 E}\,T^2\,\dfrac{d}{dT}\log\dfrac{p_1[S(T),\,T]}{P_1(T)}, \\[2ex]
\mathcal{L}_2(T) = \dfrac{4\Sigma R}{\alpha_2\varpi_2 E}\,T^2\,\dfrac{d}{dT}\log\dfrac{p_2[s(T),\,T]}{P_2(T)} \\[2ex]
\qquad\ = \dfrac{4\Sigma R}{\alpha_2\varpi_2 E}\,T^2\,\dfrac{d}{dT}\log\dfrac{p_2[S(T),\,T]}{P_2(T)}.
\end{cases}$$

Les diverses formules établies dans ce paragraphe rappellent les formules données par G. Kirchhoff au sujet de la chaleur de dissolution des sels et de la chaleur de dilution des solutions salines. La comparaison de ces problèmes à ceux que nous venons de traiter donne lieu à une remarque : dans le cas où le mélange étudié se composait d'un corps volatil et d'un corps fixe, nous avons pu donner, pour représenter les divers phénomènes thermiques engendrés par la formation du mélange, deux catégories de formules. Les unes supposaient seulement les volumes spécifiques du dissolvant, du sel et de la dissolution négligeables devant le volume spécifique de la vapeur du dissolvant; pour les expliciter entièrement, il serait nécessaire de connaître les lois de compressibilité et de dilatation de cette vapeur. Les autres, complètement explicites, supposent la vapeur du dissolvant assimilable à un gaz parfait.

Ici, au contraire, nous ne trouvons qu'une seule catégorie de formules, correspondant à un seul degré d'approximation, celui où l'on suppose les vapeurs assimilables à des gaz parfaits ; c'est, en effet, seulement dans ces conditions que nous pouvons soumettre la vapeur mixte à notre analyse, en vertu de la définition, donnée par M. Gibbs, d'un mélange de gaz parfaits.

§ IV. — Quelques applications des formules précédentes.

Nous allons appliquer à quelques cas particuliers intéressants les formules établies au paragraphe précédent.

Supposons que le fluide 2 soit un gaz soluble dans le liquide 1 ; la quantité $L_1(x, T)$ donnée par la première égalité (22), représentera la chaleur de dilution de la dissolution de ce gaz.

Si le gaz suit, en se dissolvant, la loi de Henry, on a [Chap. IV, égalité (21)]

$$p_1(x, T) = P_1(T) e^{-\frac{\alpha_1 \varpi_1}{\alpha_2 \varpi_1} x}$$

et, par conséquent,

$$\frac{\partial}{\partial T} \log \frac{p_1(x, T)}{P_1(T)} = 0,$$

en sorte que la première égalité (22) entraîne la conséquence suivante :

Lorsqu'une solution gazeuse suit la loi de Henry, la dilution de cette dissolution ne met en jeu aucune quantité de chaleur.

Nous avions annoncé ce théorème au § III du Chapitre précédent.

Étudions maintenant un mélange liquide qui suive la loi de Regnault, tant que la concentration x est inférieure à la concentration $s(T)$ au delà de laquelle le mélange cesse d'être homogène. Telle est la dissolution de l'eau (liquide 2) dans l'éther (liquide 1).

L'hypothèse dont nous partons est celle-ci :

Pour toute valeur de x inférieure ou égale à $s(T)$, on a

$$p_1(x, T) + p_2(x, T) = P_1(T).$$

Nous avons vu que, dans ce cas, on avait, en vertu du théorème de Gibbs et de Konowalow,

$$\frac{\alpha_1 \varpi_1 p_1(x, T)}{\alpha_2 \varpi_2 p_2(x, T)} = \frac{1}{x}.$$

Ces deux égalités nous donnent

$$(32) \quad \left\{ \begin{aligned} p_1(x, T) &= \frac{\alpha_2 \varpi_2}{(\alpha_2 \varpi_2 + \alpha_1 \varpi_1 x)} \, P_1(T), \\ p_2(x, T) &= \frac{\alpha_1 \varpi_1 x}{(\alpha_2 \varpi_2 + \alpha_1 \varpi_1 x)} \, P_1(T). \end{aligned} \right.$$

Reportons dans l'égalité (23) la valeur de $p_1(x, T)$ donnée par la première égalité (32); nous trouvons

$$(33) \qquad\qquad L_2 = 0.$$

L'addition d'une petite quantité d'éther à une dissolution homogène d'eau dans l'éther ne met en jeu aucune quantité de chaleur.

Reportons dans l'égalité (23 *bis*) la valeur de $p_2(x, T)$ donnée par la seconde égalité (32); nous trouvons

$$(33 \; bis) \qquad L_2 = \frac{4 \Sigma R}{\alpha_2 \varpi_2 E} \, T^2 \, \frac{d}{dT} \log \frac{P_1(T)}{P_2(T)}.$$

Lorsqu'à une dissolution homogène d'eau dans l'éther on ajoute une quantité d'eau assez petite pour que l'homogénéité ne soit pas troublée, il se dégage une quantité de chaleur indépendante de la dilution initiale du mélange; au moyen des tables de tensions de vapeur de l'éther pur et de l'eau pure, on peut calculer cette quantité de chaleur.

Mélangeons une masse M_1 d'éther et une masse $M_2 = x M_1$ d'eau, x étant inférieur à $s(T)$; il se dégage une quantité de chaleur $(M_1 + M_2) Q(x, T)$, que l'on peut déterminer soit au moyen de l'égalité (33 *bis*), soit, plus simplement, au moyen de l'égalité (25), en y remplaçant $p_1(x, T)$, $p_2(x, T)$ par leurs valeurs déduites des égalités (32); on trouve ainsi

$$(34) \qquad Q(x, T) = \frac{4 \Sigma R}{\alpha_2 \varpi_2 E} \, T^2 \, \frac{x}{1 + x} \, \frac{d}{dT} \log \frac{P_1(T)}{P_2(T)}.$$

En vertu des égalités (31), les égalités (32) deviennent

$$\mathcal{L}_1(T) = \frac{4 \Sigma R}{\alpha_1 \varpi_1 E} \, T^2 \, \frac{d}{dT} \, \log \frac{\alpha_2 \varpi_2}{\alpha_2 \varpi_2 + \alpha_1 \varpi_1 s(T)},$$

$$\mathcal{L}_2(T) = \frac{4 \Sigma R}{\alpha_1 \varpi_1 E} \, T^2 \, \frac{d}{dT} \, \log \left[\frac{\alpha_1 \varpi_1 s(T)}{\alpha_2 \varpi_2 + \alpha_1 \varpi_1 s(T)} \, \frac{P_1(T)}{P_2(T)} \right]$$

ou bien

$$(35) \quad \left\{ \begin{aligned} \mathcal{L}_1(T) &= - \frac{4 \Sigma R}{E} \, T^2 \, \frac{1}{\alpha_2 \varpi_2 + \alpha_1 \varpi_1 s(T)} \, \frac{d s(T)}{dT}, \\[2ex] \mathcal{L}_2(T) &= \frac{4 \Sigma R}{E} \, T^2 \, \frac{1}{s(T) \left[\alpha_2 \varpi_2 + \alpha_1 \varpi_1 s(T) \right]} \, \frac{d s(T)}{dT} \\[1ex] &\quad + \frac{4 \Sigma R}{\alpha_2 \varpi_2 E} \, T^2 \, \frac{d}{dT} \, \log \frac{P_1(T)}{P_2(T)}. \end{aligned} \right.$$

Lorsqu'on ajoute une petite quantité d'éther à un mélange d'éther et d'eau séparé en deux couches, il se dégage une certaine quantité de chaleur; pour calculer cette quantité de chaleur, il suffit de savoir comment la concentration de la couche la plus riche en éther varie avec la température.

Lorsqu'on ajoute une petite quantité d'eau à un mélange d'éther et d'eau séparé en deux couches, il se dégage une certaine quantité de chaleur; pour calculer cette quantité de chaleur, il suffit de savoir comment varient avec la température :

1° La concentration de la couche la plus riche en éther;
2° La tension de vapeur saturée de l'éther;
3° La tension de vapeur saturée de l'eau.

Nous avions déjà donné la plupart des formules indiquées dans ce Chapitre ([1]).

([1]) P. DUHEM, *Sur les vapeurs émises par un mélange de substances volatiles* (*Annales de l'École Normale supérieure*, 3° série, t. IV, p. 9; 1887). — *Quelques remarques sur les mélanges de substances volatiles* (*Annales de l'École Normale supérieure*, 3° série, t. VI, p. 153; 1889).

CHAPITRE VI.

QUELQUES PROBLÈMES DE DISSOCIATION.

§ I. — Énoncé des problèmes qui seront étudiés dans ce Chapitre; généralités sur ces problèmes.

Imaginons un corps solide 3 formé par l'union des deux corps 1 et 2. Les corps 1 et 2 peuvent se présenter soit à l'état gazeux, soit à l'état liquide.

Si le corps solide 3 se trouve seulement en présence des deux corps 1 et 2 à l'état gazeux, le système est soumis à des lois que nous avons étudiées en détail dans un autre travail [1].

Ces lois cessent d'être applicables aussitôt que le système renferme un mélange liquide formé des corps 1 et 2 et contenant aussi, en général, une certaine masse du corps 3 en dissolution.

Deux cas doivent alors être distingués selon que le corps 3 est en entier à l'état de dissolution, ou, au contraire, qu'un excès du corps 3 subsiste à l'état solide; l'examen de ces deux cas constitue deux problèmes que nous allons mettre en équations et discuter.

Supposons d'abord que le système ne renferme pas d'excès du corps 3 à l'état solide. Le mélange gazeux renferme une masse m_1 du corps 1 et une masse m_2 du corps 2. Le mélange liquide renferme des masses M_1, M_2, M_3 des corps 1, 2 et 3. Il est la pression extérieure et T la température absolue du système.

Soient $f_1(m_1, m_2, \Pi, T)$, $f_2(m_1, m_2, \Pi, T)$ les fonctions potentielles des corps 1 et 2 dans le mélange gazeux. Soient $F_1(M_1, M_2, M_3, \Pi, T)$, $F_2(M_1, M_2, M_3, \Pi, T)$, $F_3(M_1, M_2, M_3, \Pi, T)$ les fonctions potentielles des corps 1, 2 et 3 dans le mélange liquide. Le potentiel thermodynamique du mélange sous la pression constante Π, à la température T, a pour valeur

$$(1) \qquad \Phi = m_1 f_1 + m_2 f_2 + M_1 F_1 + M_2 F_2 + M_3 F_3.$$

---

[1] P. DUHEM, *Sur la dissociation dans les systèmes qui renferment un mélange de gaz parfaits* (*Travaux et Mémoires des Facultés de Lille*, t. II, n° 8. p. 152; 1892).

On peut imposer au système diverses modifications virtuelles :

1° On peut imaginer qu'une partie du corps 3, dissous, se décompose et que les corps 1 et 2 produits passent à l'état gazeux.

Supposons qu'une molécule du corps 3 soit composée de n_1 molécules du corps 1 et de n_2 molécules du corps 2; soient ϖ_1, ϖ_2 les poids moléculaires de ces deux derniers corps; dans la modification considérée, les masses m_1, m_2, M_3 subiront des accroissements δm_1, δm_2, δM_3, liés par les relations

$$\frac{\delta m_1}{n_1 \varpi_1} = \frac{\delta m_2}{n_2 \varpi_2} = -\frac{\delta M_3}{n_1 \varpi_1 + n_2 \varpi_2}.$$

Le potentiel thermodynamique éprouve une variation

$$\delta \Phi = -\frac{1}{n_1 \varpi_1 + n_2 \varpi_2} \left[n_1 \varpi_1 f_1 + n_2 \varpi_2 f_2 - (n_1 \varpi_1 + n_2 \varpi_2) F_3 \right] \delta M_3.$$

En égalant cette variation à zéro, nous obtenons la première condition d'équilibre

$$(2) \qquad n_1 \varpi_1 f_1 + n_2 \varpi_2 f_2 - (n_1 \varpi_1 + n_2 \varpi_2) F_3 = 0.$$

2° On peut imaginer qu'une partie du corps 3 se décompose, et que les composants demeurent en dissolution; cette modification virtuelle fournit la nouvelle condition

$$(3) \qquad n_1 \varpi_1 F_1 + n_2 \varpi_2 F_2 - (n_1 \varpi_1 + n_2 \varpi_2) F_3 = 0.$$

3° On peut imaginer que chacun des corps 1 et 2, contenus dans la dissolution, se vaporise; on est ainsi conduit aux deux conditions d'équilibre

$$(4) \qquad \begin{cases} f_1 = F_1, \\ f_2 = F_2. \end{cases}$$

Les conditions (2) et (4) entraînant la condition (3), on peut effacer cette dernière.

Soit $\mathfrak{M}_1$, la masse totale du corps 1, libre ou combiné, et $\mathfrak{M}_2$, la masse totale du corps 2, libre ou combiné, que renferme le système. On aura

$$m_1 + M_1 + \frac{n_1 \varpi_1}{n_1 \varpi_1 + n_2 \varpi_2} M_3 = \mathfrak{M}_1,$$

$$m_2 + M_2 + \frac{n_2 \varpi_2}{n_1 \varpi_1 + n_2 \varpi_2} M_3 = \mathfrak{M}_2.$$

Lors donc qu'on se donnera les masses $\mathfrak{M}_1$, $\mathfrak{M}_2$, la pression Π et la température T, la composition du système en équilibre sera définie par les équations

$$(5) \quad \begin{cases} f_1 = F_1, \\ f_2 = F_2, \\ n_1 \varpi_1 f_1 + n_2 \varpi_2 f_2 - (n_1 \varpi_1 + n_2 \varpi_2) F_3 = 0, \\ m_1 + M_1 + \dfrac{n_1 \varpi_1}{n_1 \varpi_1 + n_2 \varpi_2} M_3 = \mathfrak{M}_1, \\ m_2 + M_2 + \dfrac{n_2 \varpi_2}{n_1 \varpi_1 + n_2 \varpi_2} M_3 = \mathfrak{M}_2, \end{cases}$$

qui détermineront les cinq inconnues

$$m_1, \quad m_2, \quad M_1, \quad M_2, \quad M_3.$$

Supposons maintenant que le système renferme un excès du corps 3 à l'état solide, et soit μ_3 la masse de ce solide ; soit $\Psi'_3(\Pi, T)$ le potentiel thermodynamique de l'unité de masse du solide 3 sous la pression constante Π, à la température T. Sous cette pression et à cette température, le potentiel thermodynamique du système aura pour valeur

$$(6) \quad \Phi = m_1 f_1 + m_2 f_2 + M_1 F_1 + M_2 F_2 - M_3 F_3 + \mu_3 \Psi'_3.$$

Nous pourrons encore imposer au système les modifications virtuelles qui ont fourni les conditions d'équilibre (2), (3) et (4) ; mais nous pourrons aussi lui en imposer de nouvelles :

1° Nous pourrons supposer qu'une partie du solide 3 se décompose et que ses composants passent à l'état gazeux ; nous obtiendrons ainsi la condition d'équilibre

$$(7) \quad n_1 \varpi_1 f_1 + n_2 \varpi_2 f_2 - (n_1 \varpi_1 + n_2 \varpi_2) \Psi'_3 = 0.$$

2° Nous pourrons supposer qu'une partie du solide 3 se décompose et que ses composants entrent en dissolution ; nous obtiendrons la condition d'équilibre

$$(8) \quad n_1 \varpi_1 F_1 + n_2 \varpi_2 F_2 - (n_1 \varpi_1 + n_2 \varpi_2) \Psi'_3 = 0.$$

3° Nous pourrons supposer qu'une partie du corps 3 se dissolve, ce qui nous donnera la condition d'équilibre

$$(9) \quad F_3 = \Psi'_3.$$

Les conditions (7), (4) et (9) entraînent les conditions (2), (3) et (8) que l'on peut effacer.

Lors donc qu'on se donnera les masses $\mathfrak{M}_1$, $\mathfrak{M}_2$, la pression II et la température T, la composition du système en équilibre sera définie par les équations

$$(10) \quad \begin{cases} f_1 = F_1, \\ f_2 = F_2, \\ \Psi_3' = F_3, \\ n_1 \varpi_1 f_1 + n_2 \varpi_2 f_2 - (n_1 \varpi_1 + n_2 \varpi_2) \Psi_3' = 0, \\ m_1 + M_1 + \dfrac{n_1 \varpi_1}{n_1 \varpi_1 + n_2 \varpi_2}(M_3 + \mu_3) = 0, \\ m_2 + M_2 + \dfrac{n_2 \varpi_2}{n_1 \varpi_1 + n_2 \varpi_2}(M_3 + \mu_3) = 0, \end{cases}$$

qui déterminent les six inconnues

$$m_1, \quad m_2, \quad M_1, \quad M_2, \quad M_3, \quad \mu_3.$$

Ce second problème conduit immédiatement à une remarque importante; l'équation

$$n_1 \varpi_1 f_1 + n_2 \varpi_2 f_2 - (n_1 \varpi_1 + n_2 \varpi_2) \Psi_3' = 0$$

est la condition d'équilibre que l'on aurait obtenue si le solide 3 eût été en présence seulement des gaz 1 et 2, le système ne renfermant pas de liquide. Ainsi, *si l'on supprimait le mélange liquide que le système renferme, le mélange gazeux qu'il contient demeurerait en équilibre en présence du composé solide.* Cette proposition ne serait plus applicable à un système qui ne renferme pas de composé solide.

Ce que nous venons de dire est général.

Supposons maintenant le mélange gazeux assimilable à un mélange de gaz parfaits. Soient p_1, p_2 les pressions partielles des corps 1 et 2 dans ce mélange; nous aurons

$$(11) \quad \begin{cases} f_1 = \Phi_1(p_1, T), \\ f_2 = \Phi_2(p_2, T). \end{cases}$$

$\Phi_1(p_1, T)$ étant le potentiel thermodynamique du gaz 1 sous la pression constante p_1, à la température T, et $\Phi_2(p_2, T)$ le potentiel thermodynamique du gaz 2, sous la pression constante p_2, à la température T.

Si nous posons

$$(12) \qquad \sigma_1 = \frac{4\Sigma}{\alpha_1 \varpi_1}, \qquad \sigma_2 = \frac{4\Sigma}{\alpha_2 \varpi_2},$$

nous aurons, en désignant par V le volume du système,

$$(13) \qquad \begin{cases} p_1 V = R \sigma_1 T m_1, \\ p_2 V = R \sigma_2 T m_2. \end{cases}$$

Considérons un système de volume V, porté à la température T, et renfermant des masses totales $\mathfrak{M}_1$, $\mathfrak{M}_2$ des corps 1 et 2. Si le système ne renferme pas d'excès du corps 3 à l'état solide, les cinq inconnues

$$p_1, \quad p_2, \quad M_1, \quad M_2, \quad M_3$$

seront déterminées par les équations

$$(14) \quad \begin{cases} F_1(M_1, M_2, M_3, T) = \Phi_1(p_1, T), \\ F_2(M_1, M_2, M_3, T) = \Phi_2(p_2, T), \\ (n_1 \varpi_1 + n_2 \varpi_2) F_3(M_1, M_2, M_3, T) = n_1 \varpi_1 \Phi_1(p, T) + n_2 \varpi_2 \Phi_2(p_2, T), \\ \dfrac{RT}{V} \dfrac{p_1}{\sigma_1} + M_1 + \dfrac{n_1 \varpi_1}{n_1 \varpi_1 + n_2 \varpi_2} M_3 = \mathfrak{M}_1, \\ \dfrac{RT}{V} \dfrac{p_2}{\sigma_2} + M_2 + \dfrac{n_2 \varpi_2}{n_1 \varpi_1 + n_2 \varpi_2} M_3 = \mathfrak{M}_2, \end{cases}$$

qui résultent des équations (5), (11) et (13).

Si le système renferme un excès du solide 3, les six inconnues

$$p_1, \quad p_2, \quad M_1, \quad M_2, \quad M_3, \quad \mu_3$$

seront déterminées par les équations

$$(15) \quad \begin{cases} (n_1 \varpi_1 + n_2 \varpi_2) \Psi_3'(T) = n_1 \varpi_1 \Phi_1(p_1, T) + n_2 \varpi_2 \Phi_2(p_2, T), \\ F_1(M_1, M_2, M_3, T) = \Phi_1(p_1, T), \\ F_2(M_1, M_2, M_3, T) = \Phi_2(p_2, T), \\ F_3(M_1, M_2, M_3, T) = \Psi_3'(T), \\ \dfrac{RT}{V} \dfrac{p_1}{\sigma_1} + M_1 + \dfrac{n_1 \varpi_1}{n_1 \varpi_1 + n_2 \varpi_2}(M_3 + \mu_3) = \mathfrak{M}_1, \\ \dfrac{RT}{V} \dfrac{p_2}{\sigma_2} + M_2 + \dfrac{n_2 \varpi_2}{n_1 \varpi_1 + n_2 \varpi_2}(M_3 + \mu_3) = \mathfrak{M}_2, \end{cases}$$

qui résultent des équations (10), (11) et (13).

La première de ces équations n'est autre que celle qui fait connaître les pressions partielles p_1 et p_2 lorsque le mélange gazeux est en contact seulement avec le composé solide. Nous avons vu ailleurs qu'elle entraînait, entre autres conclusions, cette loi, énoncée tout d'abord par M. Naumann :

Le produit $p_1^{n_1 \varpi_1 \sigma_1} p_2^{n_2 \varpi_2 \sigma_1}$ est une fonction de la température seule.

Cette conséquence de la théorie précédente a été expérimentalement vérifiée par M. Isambert.

Le cyanhydrate d'ammoniaque est un corps solide qui se dissocie en gaz ammoniac et vapeur d'acide cyanhydrique. Si l'on introduit dans le système un excès d'acide cyanhydrique, celui-ci ne tarde pas à se condenser en partie à l'état liquide et à dissoudre de l'ammoniaque et du cyanhydrate d'ammoniaque.

Prenons d'abord un système renfermant seulement du cyanhydrate d'ammoniaque solide et un mélange gazeux d'acide cyanhydrique et d'ammoniaque. Soient p_1, p_2 les pressions partielles des deux gaz. Comme on a, dans ce cas,

$$n_1 \varpi_1 \sigma_1 = n_2 \varpi_2 \sigma_2,$$

le produit $p_1 p_2$ sera une fonction de la température seule. Il est aisé de voir quelle est la signification de cette fonction. Si nous supposons que le cyanhydrate d'ammoniaque se dissocie, à la température T, dans une enceinte préalablement vide, le mélange gazeux atteindra une tension $P_3(T)$. D'ailleurs on aura, dans ce cas,

$$p_1 = \frac{P_3(T)}{2}, \qquad p_2 = \frac{P_3(T)}{2}.$$

La fonction de la température à laquelle est constamment égal le produit $p_1 p_2$ est donc $\dfrac{P_3^2(T)}{4}$:

$$(16) \qquad p_1 p_2 = \frac{P_3^2(T)}{4}.$$

Les expériences d'Isambert montrent que cette loi est vérifiée toutes les fois que le mélange gazeux se trouve seulement en présence de cyanhydrate d'ammoniaque solide.

D'après la théorie précédente, elle doit encore être vérifiée si le système renferme un mélange liquide, *pourvu qu'il renferme également un excès de cyanhydrate d'ammoniaque solide.* Pour vérifier cette proposition, Isambert ([1]) a aspiré une partie du mélange gazeux et l'a analysé. Il a trouvé

$$p_1 = 29^{mm},5,$$
$$p_2 = 384^{mm},5,$$

l'indice 1 se rapportant à l'ammoniaque et l'indice 2 à l'acide cyanhydrique. D'autre part, l'expérience directe donne à la même température

$$P_3(T) = 235^{mm}.$$

Si l'on forme le quotient $\dfrac{P_3^2(T)}{4p_2}$, on doit, d'après l'égalité (16), obtenir p_1, c'est-à-dire $29^{mm},5$; on trouve 35^{mm}. Cette concordance peut être regardée comme suffisante dans des recherches soumises à d'aussi graves causes d'erreur.

§ II. — L'observation de MM. Moitessier et Engel.

L'étude de la dissociation présente des faits analogues à ceux qui ont été observés par Regnault dans l'étude de la vaporisation des mélanges d'éther et d'eau. Le premier fait de ce genre a été signalé par MM. Moitessier et Engel ([2]) au cours de leurs travaux sur la dissociation de l'hydrate de chloral.

A 60°, l'hydrate de chloral se dissocie en eau et chloral anhydre; il émet des vapeurs qui sont un mélange de ces deux corps. Lorsque l'hydrate de chloral liquide est exempt de tout mélange et qu'il se vaporise dans une enceinte préalablement vide, ces vapeurs ont une tension de 146^{mm}. A la même température, le chloral anhydre a une tension de vapeur de 212^{mm}.

([1]) ISAMBERT, *Sur le cyanhydrate d'ammoniaque* (*Annales de Chimie et de Physique*, 5° série, t. XXVIII, p. 332; 1883).

([2]) MOITESSIER et ENGEL, *Sur les lois de la dissociation* (*Comptes rendus*, t. LXXXVIII, p. 861; 1879).

Cela posé, voici en quoi consiste l'observation de MM. Moitessier et Engel, telle qu'ils la rapportent eux-mêmes :

« Nous avons introduit, disent-ils, de la vapeur de chloral anhydre à une tension supérieure à la tension de dissociation de l'hydrate. Pour cela, nous avons opéré à la température de 60°, comme il a été dit plus haut. Dans notre expérience, la tension du chloral anhydre était de 200ᵐᵐ. Dans ces conditions, l'hydrate de chloral ne se décompose plus ni ne se volatilise. *Le niveau du mercure ne change pas, quelle que soit la quantité d'hydrate introduite.* »

MM. Moitessier et Engel ont indiqué quelques autres expériences de vérification qu'ils ont interprétées comme la précédente, en admettant que, dans la vapeur de chloral anhydre à une tension suffisante, l'hydrate de chloral ne pouvait ni se vaporiser ni se dissocier. Il est extrêmement vraisemblable que cette explication n'est point exacte et que la véritable interprétation des faits observés par MM. Moitessier et Engel doit être demandée à des considérations analogues à celles que nous allons développer au sujet d'autres faits.

M. Isambert, en effet, a retrouvé des faits du même genre dans l'étude de la dissociation du cyanhydrate d'ammoniaque (¹).

Le cyanhydrate d'ammoniaque, placé dans une enceinte vide, émet des vapeurs que l'on est conduit à envisager comme un mélange d'acide cyanhydrique et de gaz ammoniac. En présence d'un excès de gaz ammoniac, la tension de ces vapeurs varie conformément aux lois qui ont été découvertes par M. Naumann et par M. Hortsmann, et dont les idées introduites en Thermodynamique par M. Gibbs fournissent si aisément la démonstration.

Lorsqu'on met du cyanhydrate d'ammoniaque en présence d'un excès d'acide cyanhydrique gazeux, la dissociation du sel peut faire prendre à la tension de ce dernier gaz une valeur assez grande pour que ce gaz se condense en partie. Le liquide ainsi formé peut naturellement dissoudre du gaz ammoniac et du cyanhydrate

---

(¹) Isambert, *Sur le bisulfhydrate et le cyanhydrate d'ammoniaque* (*Comptes rendus*, t. XCIV, p. 958; 1882). — *Sur le cyanhydrate d'ammoniaque* (*Annales de Chimie et de Physique*, 5ᵉ série, t. XXVIII, p. 53a; 1883).

d'ammoniaque. Les choses étant dans cet état, on observe que la
pression totale exercée par le mélange d'acide cyanhydrique et
de gaz ammoniac est indépendante de la quantité plus ou moins
grande d'acide cyanhydrique et de cyanhydrate formés, pourvu
qu'il y ait assez de matière pour saturer l'espace; de plus, cette
pression totale est, dans tous les cas, exactement égale à la tension
de vapeur saturée de l'acide cyanhydrique pur.

Voici, par exemple, quelques nombres cités par M. Isambert :

| | Tensions | | |
Températures.	de $Az H^4 C Az$ seul.	du $H C Az$ seul.	du mélange $Az H^4 C Az + H C Az.$
°	mm	mm	mm
7,4.	176,7	365,7	365,7
9,2	196,0	394,7	394,7
9,4	204,9	408,5	410,0
10,2	214	426,6	428,2
11,4	235,5	443,2	443,2
15,7	300,5	525,5	526,1

MM. Moitessier et Engel avaient interprété les faits qu'ils avaient
observés dans l'étude de l'hydrate de chloral, en admettant que
l'hydrate de chloral devenait incapable de se vaporiser ou de se
dissocier en présence d'un excès de chloral anhydre. M. Isambert
s'est demandé si les résultats qu'il avait obtenus étaient susceptibles
d'une semblable interprétation. Fallait-il admettre que le cyanhydrate d'ammoniaque devenait incapable de se vaporiser ou de se
dissocier en présence d'un excès d'acide cyanhydrique, et que les
vapeurs dont il avait mesuré la tension étaient exclusivement des
vapeurs d'acide cyanhydrique? Par l'action de l'acide chlorhydrique sur ces vapeurs d'une part, par leur analyse d'autre part,
M. Isambert a montré que ces vapeurs étaient formées par un mélange d'acide cyanhydrique et de gaz ammoniac. Le phénomène
en question est donc entièrement semblable au phénomène que
présente la vaporisation d'un mélange d'éther et d'eau. On peut
lui appliquer des considérations théoriques analogues.

Nous supposerons tout d'abord que le système ne renferme pas
assez de cyanhydrate d'ammoniaque pour que ce dernier se pré-
cipite à l'état solide. Isambert ne nous a fourni aucun renseigne-
ment expérimental relatif à ce cas, mais on peut présumer que,

dans ce cas encore, la tension de la vapeur mixte demeure égale à la tension de l'acide cyanhydrique pur. C'est une hypothèse qu'il serait intéressant de vérifier par l'expérience, de même que M. Marchis a vérifié l'hypothèse analogue relative aux mélanges d'éther et d'eau.

Tant que le système ne renferme pas de cyanhydrate d'ammoniaque solide, les conditions d'équilibre sont représentées par les équations (14).

Nous allons chercher comment varient les pressions partielles p_1, p_2 du gaz ammoniac et de l'acide cyanhydrique lorsqu'on passe d'un système défini par certaines valeurs de $\mathfrak{M}_1$, $\mathfrak{M}_2$ à un autre système défini par des valeurs $\mathfrak{M}_1 + d\mathfrak{M}_1$, $\mathfrak{M}_2 + d\mathfrak{M}_2$ des mêmes quantités.

Lorsque les quantités $\mathfrak{M}_1$, $\mathfrak{M}_2$ augmentent respectivement de $d\mathfrak{M}_1$, $d\mathfrak{M}_2$, la température demeurant constante, les quantités M_1, M_2, M_3, p_1, p_2 augmentent respectivement de dM_1, dM_2, dM_3, dp_1, dp_2.

Soit $v_1(p_1, T)$ le volume spécifique du gaz ammoniac, sous la pression p_1, à la température T; soit $v_2(p_2, T)$ le volume spécifique du gaz acide cyanhydrique sous la pression p_2 à la température T. Les trois premières égalités (14) donnent

$$(17) \quad \begin{cases} \dfrac{\partial F_1}{\partial M_1} dM_1 + \dfrac{\partial F_1}{\partial M_2} dM_2 + \dfrac{\partial F_1}{\partial M_3} dM_3 = v_1(p_1, T)\, dp_2, \\[2mm] \dfrac{\partial F_2}{\partial M_1} dM_1 + \dfrac{\partial F_2}{\partial M_2} dM_2 + \dfrac{\partial F_2}{\partial M_3} dM_3 = v_2(p_2, T)\, dp_2, \end{cases}$$

$$(18) \quad \begin{cases} (n_1 \varpi_1 + n_2 \varpi_2)\left(\dfrac{\partial F_3}{\partial M_1} dM_1 + \dfrac{\partial F_3}{\partial M_2} dM_2 + \dfrac{\partial F_3}{\partial M_3} dM_3 \right) \\[2mm] = n_1 \varpi_1 v_1(p_1, T)\, dp_1 + n_2 \varpi_2 v_2(p_2, T)\, dp_2. \end{cases}$$

Nous avons [1er Mémoire, Chap. III, égalité (8)],

$$M_1 \frac{\partial F_1}{\partial M_1} + M_2 \frac{\partial F_2}{\partial M_1} + M_3 \frac{\partial F_3}{\partial M_1} = 0,$$

$$M_1 \frac{\partial F_1}{\partial M_2} + M_2 \frac{\partial F_2}{\partial M_2} + M_3 \frac{\partial F_3}{\partial M_2} = 0,$$

$$M_1 \frac{\partial F_1}{\partial M_3} + M_2 \frac{\partial F_2}{\partial M_3} + M_3 \frac{\partial F_3}{\partial M_3} = 0.$$

                    P. DUHEM.

De ces égalités, on déduit

$$(19) \quad \begin{cases} M_1 \left(\dfrac{\partial F_1}{\partial M_1} dM_1 + \dfrac{\partial F_1}{\partial M_2} dM_2 + \dfrac{\partial F_1}{\partial M_3} dM_3 \right) \\[2mm] + M_2 \left(\dfrac{\partial F_2}{\partial M_1} dM_1 + \dfrac{\partial F_2}{\partial M_2} dM_2 + \dfrac{\partial F_2}{\partial M_3} dM_3 \right) \\[2mm] + M_3 \left(\dfrac{\partial F_3}{\partial M_1} dM_1 + \dfrac{\partial F_3}{\partial M_2} dM_2 + \dfrac{\partial F_3}{\partial M_3} dM_3 \right) = 0. \end{cases}$$

Multiplions les deux membres de la première égalité (17) par $(n_1 \varpi_1 + n_2 \varpi_2) M_1$; les deux membres de la seconde par $(n_1 \varpi_1 + n_2 \varpi_2) M_2$; les deux membres de l'égalité (18) par M_3, et ajoutons membre à membre les résultats obtenus, en tenant compte de l'égalité (19). Nous trouvons

$$(20) \quad \begin{cases} [(n_1 \varpi_1 + n_2 \varpi_2) M_1 + n_1 \varpi_1 M_3] \varphi_1(p_1, T) dp_1 \\[2mm] + [(n_1 \varpi_1 + n_2 \varpi_2) M_3 + n_2 \varpi_2 M_3] \varphi_2(p_2, T) dp_2 = 0. \end{cases}$$

Cette égalité peut se mettre sous une autre forme; soit V le volume du mélange gazeux. Nous aurons

$$\varphi_1(p_1, T) = \frac{V}{m_1}, \qquad \varphi_2(p_2, T) = \frac{V}{m_2},$$

en sorte que l'égalité (20) peut s'écrire

$$(21) \quad \frac{dp_1}{dp_2} = -\frac{m_1}{m_2} : \frac{M_1 + \dfrac{n_1 \varpi_1}{n_1 \varpi_1 + n_2 \varpi_2} M_3}{M_2 + \dfrac{n_2 \varpi_2}{n_1 \varpi_1 + n_2 \varpi_2} M_3}.$$

Cette égalité est générale.

Admettons maintenant que lorsque $\mathfrak{M}_1$, $\mathfrak{M}_2$ augmentent respectivement de $d\mathfrak{M}_1$, $d\mathfrak{M}_2$, la pression totale $\Pi = p_1 + p_2$ de la vapeur mixte demeure invariable; nous aurons

$$dp_1 + dp_2 = 0$$

ou bien

$$\frac{dp_1}{dp_2} = -1,$$

ou bien encore, en vertu de l'égalité (21),

$$(22) \qquad \frac{m_1}{m_2} = \frac{M_1 + \dfrac{n_1 \varpi_1}{n_1 \varpi_1 + n_2 \varpi_2} M_3}{M_2 + \dfrac{n_2 \varpi_2}{n_1 \varpi_1 + n_2 \varpi_2} M_3}.$$

La quantité $\left(M_1 + \dfrac{n_1 \varpi_1}{n_1 \varpi_1 + n_2 \varpi_2} M_3\right)$ est le poids d'ammoniaque, tant libre que combinée, que renferme le mélange liquide; la quantité $\left(M_2 + \dfrac{n_2 \varpi_2}{n_1 \varpi_1 + n_2 \varpi_2} M_3\right)$ est le poids d'acide cyanhydrique, tant libre que combiné, que renferme le mélange liquide. Dès lors, l'égalité (22) permet d'énoncer la loi suivante :

Si la tension de la vapeur mixte qui surmonte un mélange liquide d'acide cyanhydrique et d'ammoniaque demeure indépendante de la composition du mélange, le rapport du poids d'ammoniaque au poids d'acide cyanhydrique dans la vapeur mixte est égal au rapport qui existe entre le poids d'ammoniaque, tant libre que combinée, que renferme le mélange liquide, et le poids d'acide cyanhydrique, tant libre que combiné, que renferme le même mélange.

On retrouve ainsi la même propriété que pour les mélanges de liquides exempts de réactions chimiques qui satisfont à la loi de Regnault.

Nous avons supposé jusqu'ici que le poids du cyanhydrate d'ammoniaque présent dans le système était assez faible pour pouvoir se dissoudre en entier dans l'acide cyanhydrique liquide. Si nous augmentons la quantité de sel que renferme le système, il arrivera un moment où l'acide cyanhydrique liquide sera saturé et où le cyanhydrate d'ammoniaque se séparera à l'état solide.

A partir de ce moment, l'état d'équilibre du système sera déterminé par les équations (15). A une température donnée, la dissolution aura une composition invariable; les pressions p_1, p_2 auront des valeurs invariables si la température ne change pas; ces valeurs seront, comme nous l'avons vu, soumises à la loi découverte par M. Naumann. M. Isambert a vérifié qu'il en était bien ainsi pour le cyanhydrate d'ammoniaque.

Isambert a observé des faits du même genre sur le sulfhydrate de diéthylamine ([1]). Ici une particularité se présente, sur laquelle il est nécessaire d'appeler l'attention :

« J'ai préparé, dit Isambert, le sulfhydrate de diéthylamine par la combinaison directe, dans des tubes barométriques, de l'acide et de la base; la combinaison donne immédiatement, même en présence d'un excès de diéthylamine, le sulfhydrate blanc cristallisé. La tension maximum de vapeur de ce composé est de 150^{mm} vers $10°$ et va en croissant à la manière ordinaire avec la température. Dans les mêmes conditions, la diéthylamine possède seulement une tension de 120^{mm} et le sulfhydrate solide, en présence d'un excès de diéthylamine, donne la même tension de 120^{mm}. Cette égalité a persisté invariablement à toute température entre $6°$ et $22°$, quelles que fussent les quantités relatives de sulfhydrate solide et de base liquide. La loi est donc la même que pour le cyanhydrate d'ammoniaque et l'acide cyanhydrique. »

Or, entre les pressions p_1, p_2, on a la relation

$$p_1^{n_1 \varpi_1 \sigma_1} p_2^{n_2 \varpi_1 \sigma_2} = \varphi(T),$$

$\varphi(T)$ étant une fonction de la température seule; on en déduit sans peine qu'à une température déterminée, la tension totale de la vapeur mixte

$$\Pi = p_1 + p_2$$

est minimum au moment où l'on a l'égalité

$$\frac{p_1}{p_2} = \frac{n_1 \varpi_1 \sigma_1}{n_2 \varpi_2 \sigma_2},$$

c'est-à-dire lorsque le solide se dissocie dans une enceinte vide au début de l'expérience.

Donc, dans quelques conditions que l'on place le sulfhydrate de diéthylamine solide, la tension du mélange gazeux qu'il émet ne

---

([1]) Isambert, *Sur les tensions de vapeur des sulfhydrates d'éthylamine et de diéthylamine* (*Comptes rendus*, t. XCVI, p. 708; 1883).

peut demeurer inférieure à la tension qu'il possède dans le cas
particulier où le solide se dissocie dans une enceinte préalablement
vide. Cette conclusion de la loi de M. Naumann étant en contra-
diction avec les résultats expérimentaux obtenus par Isambert, il
faut en conclure que les expériences presentent quelque complication restée inaperçue. Nous nous contenterons de signaler
l'existence de cette complication sans chercher à en déterminer la
nature.

§ III. — Étude thermique des phénomènes précédents.

Laissons de côté, pour un instant, l'étude de la loi découverte
par MM. Moitessier et Engel et étendue par Isambert, et revenons
aux phénomènes généraux de dissociation qui nous occupent, pour
en faire l'étude thermique.

Prenons un mélange liquide renfermant des masses M_1, M_2, M_3
des corps 1, 2, 3. *Supposons, pour le moment, qu'il ne soit pas
saturé du corps 3.* Cherchons comment varieront les masses M_1,
M_2, M_3 si l'on ajoute au mélange soit une masse $d\mathfrak{M}_1$ du corps 1,
soit une masse $d\mathfrak{M}_2$ du corps 2, soit une masse $d\mathfrak{M}_3$ du corps 3.

La solution de ce problème se déduit de la considération de l'é-
galité

$$(3) \qquad n_1 \varpi_1 F_1 + n_2 \varpi_2 F_2 - (n_1 \varpi_1 + n_2 \varpi_2) F_3 = 0,$$

qui doit être à chaque instant vérifiée pour que l'équilibre intérieur
du liquide soit assuré. Cette égalité, différentiée, donne

$$(23) \quad \left\{ \begin{aligned}
& \left[n_1 \varpi_1 \frac{\partial F_1}{\partial M_1} + n_2 \varpi_2 \frac{\partial F_2}{\partial M_1} - (n_1 \varpi_1 + n_2 \varpi_2) \frac{\partial F_3}{\partial M_1} \right] dM_1 \\
& + \left[n_1 \varpi_1 \frac{\partial F_1}{\partial M_2} + n_2 \varpi_2 \frac{\partial F_2}{\partial M_2} - (n_1 \varpi_1 + n_2 \varpi_2) \frac{\partial F_3}{\partial M_2} \right] dM_2 \\
& + \left[n_1 \varpi_1 \frac{\partial F_1}{\partial M_3} + n_2 \varpi_2 \frac{\partial F_2}{\partial M_3} - (n_1 \varpi_1 + n_2 \varpi_2) \frac{\partial F_3}{\partial M_3} \right] dM_3 = 0.
\end{aligned} \right.$$

1° *On ajoute au liquide une masse* $d\mathfrak{M}_1$ *du corps* 1. On a
alors

$$(24) \qquad \frac{dM_1 - d\mathfrak{M}_1}{n_1 \varpi_1} = \frac{dM_2}{n_2 \varpi_2} = - \frac{dM_3}{n_1 \varpi_1 + n_2 \varpi_2}.$$

Si l'on pose, pour abréger,

$$(25)\quad \begin{cases} \Delta = \quad n_1\varpi_1 \left[n_1\varpi_1 \dfrac{\partial F_1}{\partial M_1} + n_2\varpi_2 \dfrac{\partial F_2}{\partial M_1} - (n_1\varpi_1 + n_2\varpi_2)\dfrac{\partial F_3}{\partial M_1}\right] \\ \quad + \quad n_2\varpi_2 \left[n_1\varpi_1 \dfrac{\partial F_1}{\partial M_2} + n_2\varpi_2 \dfrac{\partial F_2}{\partial M_2} - (n_1\varpi_1 + n_2\varpi_2)\dfrac{\partial F_3}{\partial M_2}\right] \\ \quad -(n_1\varpi_1 + n_2\varpi_2)\left[n_1\varpi_1 \dfrac{\partial F_1}{\partial M_3} + n_2\varpi_2 \dfrac{\partial F_2}{\partial M_3} - (n_1\varpi_1 + n_2\varpi_2)\dfrac{\partial F_3}{\partial M_3}\right], \end{cases}$$

les égalités (23) et (24) donneront

$$(26)\quad \begin{cases} dM_1 = d\mathfrak{M}_1 - \dfrac{n_1\varpi_1}{\Delta}\left[n_1\varpi_1 \dfrac{\partial F_1}{\partial M_1} + n_2\varpi_2 \dfrac{\partial F_2}{\partial M_1} - (n_1\varpi_1 + n_2\varpi_2)\dfrac{\partial F_3}{\partial M_1}\right] d\mathfrak{M}_1, \\ dM_2 = \qquad - \dfrac{n_2\varpi_2}{\Delta}\left[n_1\varpi_1 \dfrac{\partial F_1}{\partial M_1} + n_2\varpi_2 \dfrac{\partial F_2}{\partial M_1} - (n_1\varpi_1 + n_2\varpi_2)\dfrac{\partial F_3}{\partial M_1}\right] d\mathfrak{M}_1, \\ dM_3 = \dfrac{n_1\varpi_1 + n_2\varpi_2}{\Delta}\left[n_1\varpi_1 \dfrac{\partial F_1}{\partial M_1} + n_2\varpi_2 \dfrac{\partial F_2}{\partial M_1} - (n_1\varpi_1 + n_2\varpi_2)\dfrac{\partial F_3}{\partial M_1}\right] d\mathfrak{M}_1. \end{cases}$$

2° *On ajoute au liquide une masse $d\mathfrak{M}_2$ du corps* 2; on a alors

$$(27)\quad \frac{dM_1}{n_1\varpi_1} = \frac{dM_2 - d\mathfrak{M}_2}{n_2\varpi_2} = -\frac{dM_3}{n_1\varpi_1 + n_2\varpi_2}.$$

Les égalités (23) et (27) donnent

$$(28)\quad \begin{cases} dM_1 = \qquad - \dfrac{n_1\varpi_1}{\Delta}\left[n_1\varpi_1 \dfrac{\partial F_1}{\partial M_2} + n_2\varpi_2 \dfrac{\partial F_2}{\partial M_2} - (n_1\varpi_1 + n_2\varpi_2)\dfrac{\partial F_3}{\partial M_2}\right] d\mathfrak{M}_2, \\ dM_2 = d\mathfrak{M}_2 - \dfrac{n_2\varpi_2}{\Delta}\left[n_1\varpi_1 \dfrac{\partial F_1}{\partial M_2} + n_2\varpi_2 \dfrac{\partial F_2}{\partial M_2} - (n_1\varpi_1 + n_2\varpi_2)\dfrac{\partial F_3}{\partial M_2}\right] d\mathfrak{M}_2, \\ dM_3 = \dfrac{n_1\varpi_1 + n_2\varpi_2}{\Delta}\left[n_1\varpi_1 \dfrac{\partial F_1}{\partial M_2} + n_2\varpi_2 \dfrac{\partial F_2}{\partial M_2} - (n_1\varpi_1 + n_2\varpi_2)\dfrac{\partial F_3}{\partial M_2}\right] d\mathfrak{M}_2. \end{cases}$$

3° *On ajoute au liquide une masse $d\mathfrak{M}_3$ du corps* 3; on a alors

$$(29)\quad \frac{dM_1}{n_1\varpi_1} = \frac{dM_2}{n_2\varpi_2} = \frac{d\mathfrak{M}_3 - dM_3}{n_1\varpi_1 + n_2\varpi_2}.$$

Les égalités (23) et (29) donnent

$$(30)\quad \begin{cases} dM_1 = \qquad - \dfrac{n_1\varpi_1}{\Delta}\left[n_1\varpi_1 \dfrac{\partial F_1}{\partial M_3} + n_2\varpi_2 \dfrac{\partial F_2}{\partial M_3} - (n_1\varpi_1 + n_2\varpi_2)\dfrac{\partial F_3}{\partial M_3}\right] d\mathfrak{M}_3, \\ dM_2 = \qquad - \dfrac{n_2\varpi_2}{\Delta}\left[n_1\varpi_1 \dfrac{\partial F_1}{\partial M_3} + n_2\varpi_2 \dfrac{\partial F_2}{\partial M_3} - (n_1\varpi_1 + n_2\varpi_2)\dfrac{\partial F_3}{\partial M_3}\right] d\mathfrak{M}_3, \\ dM_3 = d\mathfrak{M}_3 + \dfrac{n_1\varpi_1 + n_2\varpi_2}{\Delta}\left[n_1\varpi_1 \dfrac{\partial F_1}{\partial M_3} + n_2\varpi_2 \dfrac{\partial F_2}{\partial M_3} - (n_1\varpi_1 + n_2\varpi_2)\dfrac{\partial F_3}{\partial M_3}\right] d\mathfrak{M}_3. \end{cases}$$

Lorsque nous ajoutons au mélange liquide une masse $d\mathfrak{M}_1$ du corps 1 à l'état liquide, une quantité de chaleur $L_1\,d\mathfrak{M}_1$ est dégagée. Proposons-nous de calculer L_1.

Soit $\Psi'_1(T)$ le potentiel thermodynamique de l'unité de masse du liquide 1 pris, à la température T, à l'état de pureté. Nous aurons

$$(31) \quad \begin{cases} EL_1\,d\mathfrak{M}_1 = \left(\Psi'_1 - T\,\dfrac{d\Psi'_1}{dT}\right) d\mathfrak{M}_1 - \left(F_1 - T\,\dfrac{\partial F_1}{\partial T}\right) dM_1 \\[2mm] \qquad\qquad - \left(F_2 - T\,\dfrac{\partial F_2}{\partial T}\right) dM_2 - \left(F_3 - T\,\dfrac{\partial F_3}{\partial T}\right) dM_3, \end{cases}$$

dM_1, dM_2, dM_3 étant donnés par les égalités (26).

En vertu de ces égalités (26), l'égalité (31) devient

$$(32) \quad \begin{cases} EL_1 = \left(\Psi'_1 - T\,\dfrac{d\Psi'_1}{dT}\right) - \left(F_1 - T\,\dfrac{\partial F_1}{\partial T}\right) \\[2mm] \quad + \dfrac{1}{\Delta}\left[n_1\varpi_1\,\dfrac{\partial F_1}{\partial M_1} + n_2\varpi_2\,\dfrac{\partial F_2}{\partial M_1} + (n_1\varpi_1 + n_2\varpi_2)\,\dfrac{\partial F_3}{\partial M_1}\right] \\[2mm] \quad \times \left[n_1\varpi_1\left(F_1 - T\,\dfrac{\partial F_1}{\partial T}\right) + n_2\varpi_2\left(F_2 - T\,\dfrac{\partial F_2}{\partial T}\right) - (n_1\varpi_1 + n_2\varpi_2)\left(F_3 - T\,\dfrac{\partial F_3}{\partial T}\right)\right]. \end{cases}$$

D'autre part l'égalité (3), différentiée, donne

$$(33) \quad \begin{cases} n_1\varpi_1\,\dfrac{\partial F_1}{\partial T} + n_2\varpi_2\,\dfrac{\partial F_2}{\partial T} - (n_1\varpi_1 + n_2\varpi_2)\,\dfrac{\partial F_3}{\partial T} \\[2mm] + \left[n_1\varpi_1\,\dfrac{\partial F_1}{\partial M_1} + n_2\varpi_2\,\dfrac{\partial F_2}{\partial M_1} - (n_1\varpi_1 + n_2\varpi_2)\,\dfrac{\partial F_3}{\partial M_1}\right]\dfrac{dM_1}{dT} \\[2mm] + \left[n_1\varpi_1\,\dfrac{\partial F_1}{\partial M_2} + n_2\varpi_2\,\dfrac{\partial F_2}{\partial M_2} - (n_1\varpi_1 + n_2\varpi_2)\,\dfrac{\partial F_3}{\partial M_2}\right]\dfrac{dM_2}{dT} \\[2mm] + \left[n_1\varpi_1\,\dfrac{\partial F_1}{\partial M_3} + n_2\varpi_2\,\dfrac{\partial F_2}{\partial M_3} - (n_1\varpi_1 + n_2\varpi_2)\,\dfrac{\partial F_3}{\partial M_3}\right]\dfrac{dM_3}{dT} = 0, \end{cases}$$

en désignant par $\dfrac{dM_1}{dT}\,dT$, $\dfrac{dM_2}{dT}\,dT$, $\dfrac{dM_3}{dT}\,dT$, les variations que subissent les quantités M_1, M_2, M_3, lorsqu'on élève la température de dT sans faire varier la composition élémentaire de la dissolution. Si l'on observe que l'on a évidemment

$$(34) \quad \frac{1}{n_1\varpi_1}\,\frac{dM_1}{dT} = \frac{1}{n_2\varpi_2}\,\frac{dM_2}{dT} = -\,\frac{1}{n_1\varpi_1 + n_2\varpi_2}\,\frac{dM_3}{dT},$$

126 P. DUHEM.

et si l'on tient compte de l'égalité (25), l'égalité (33) devient

$$(35) \quad n_1\varpi_1 \frac{\partial F_1}{\partial T} + n_2\varpi_2 \frac{\partial F_2}{\partial T} - (n_1\varpi_1 + n_2\varpi_2)\frac{\partial F_3}{\partial T} = \frac{\Delta}{n_1\varpi_1 + n_2\varpi_2} \frac{dM_3}{dT}.$$

En vertu de cette égalité (35) et de l'égalité (3), l'égalité (32) se réduit à

$$EL_1 = \left(\Psi_1' - T\frac{d\Psi_1'}{dT}\right) - \left(F_1 - T\frac{\partial F_1}{\partial T}\right)$$
$$- \frac{T}{n_1\varpi_1 + n_2\varpi_2}\left[n_1\varpi_1\frac{\partial F_1}{\partial M_1} - n_2\varpi_2\frac{\partial F_2}{\partial M_1} - (n_1\varpi_1 + n_2\varpi_2)\frac{\partial F_3}{\partial M_1}\right]\frac{dM_3}{dT}.$$

Si l'on observe que l'on a

$$\frac{\partial F_2}{\partial M_1} = \frac{\partial F_1}{\partial M_2}, \qquad \frac{\partial F_3}{\partial M_1} = \frac{\partial F_1}{\partial M_3},$$

et si l'on tient compte des égalités (34), l'égalité précédente devient

$$(36) \quad \begin{cases} EL_1 = \left(\Psi_1' - T\frac{d\Psi_1'}{dT}\right) - \left(F_1 - T\frac{\partial F_1}{\partial T}\right) \\ \qquad + T\left(\frac{\partial F_1}{\partial M_1}\frac{dM_1}{dT} + \frac{\partial F_1}{\partial M_2}\frac{dM_2}{dT} + \frac{\partial F_1}{\partial M_3}\frac{dM_3}{dT}\right). \end{cases}$$

Les deux premières égalités (14) donnent

$$\frac{\partial F_1}{\partial M_1} = \varphi_1(p_1, T)\frac{\partial p_1}{\partial M_1}, \qquad \frac{\partial F_2}{\partial M_1} = \varphi_2(p_2, T)\frac{\partial p_2}{\partial M_1},$$
$$\frac{\partial F}{\partial M_2} = \varphi_1(p_1, T)\frac{\partial p_1}{\partial M_2}, \qquad \frac{\partial F_2}{\partial M_2} = \varphi_2(p_2, T)\frac{\partial p_2}{\partial M_2},$$
$$\frac{\partial F_1}{\partial M_3} = \varphi_1(p_1, T)\frac{\partial p_1}{\partial M_3}, \qquad \frac{\partial F_2}{\partial M_3} = \varphi_2(p_2, T)\frac{\partial p_2}{\partial M_3},$$

ou bien, à cause des égalités

$$p_1\varphi_1(p_1, T) = R\sigma_1 T,$$
$$p_2\varphi_2(p_2, T) = R\sigma_2 T,$$

$$(37) \quad \begin{cases} \frac{\partial F_1}{\partial M_1} = R\sigma_1 T\frac{\partial \log p_1}{\partial M_1}, \qquad \frac{\partial F_2}{\partial M_1} = R\sigma_2 T\frac{\partial \log p_2}{\partial M_1}, \\ \frac{\partial F_1}{\partial M_1} = R\sigma_1 T\frac{\partial \log p_1}{\partial M_2}, \qquad \frac{\partial F_2}{\partial M_2} = R\sigma_2 T\frac{\partial \log p_2}{\partial M_2}, \\ \frac{\partial F_1}{\partial M_3} = R\sigma_1 T\frac{\partial \log p_1}{\partial M_3}, \qquad \frac{\partial F_2}{\partial M_3} = R\sigma_2 T\frac{\partial \log p_2}{\partial M_3}. \end{cases}$$

Considérons la fonction

$$(38) \quad \begin{cases} \mathcal{F}_1(M_1, M_2, M_3, T) \\ = \Psi'_1(T) - T\dfrac{d\Psi'_1(T)}{dT} - F_1(M_1, M_2, M_3, T) - T\dfrac{\partial F_1(M_1, M_2, M_3, T)}{\partial T}. \end{cases}$$

Nous aurons

$$\frac{\partial \mathcal{F}_1}{\partial M_2} = T\frac{\partial^2 F_1}{\partial T\, \partial M_2} - \frac{\partial F_1}{\partial M_2},$$

$$\frac{\partial \mathcal{F}_1}{\partial M_3} = T\frac{\partial^2 F_1}{\partial T\, \partial M_3} - \frac{\partial F_1}{\partial M_3},$$

ce qui peut s'écrire, en vertu des égalités (37),

$$\frac{\partial \mathcal{F}_1}{\partial M_2} = R\sigma_1 T\left(\frac{\partial}{\partial T}T\frac{\partial \log p_1}{\partial M_2} - \frac{\partial \log p_1}{\partial M_2}\right),$$

$$\frac{\partial \mathcal{F}_1}{\partial M_3} = R\sigma_1 T\left(\frac{\partial}{\partial T}T\frac{\partial \log p_1}{\partial M_3} - \frac{\partial \log p_1}{\partial M_3}\right)$$

ou, en simplifiant,

$$\frac{\partial \mathcal{F}_1}{\partial M_2} = R\sigma_1 T^2 \frac{\partial^2 \log p_1}{\partial M_2\, \partial T} = \frac{\partial}{\partial M_2}\left(R\sigma_1 T^2 \frac{\partial \log p_1}{\partial T}\right),$$

$$\frac{\partial \mathcal{F}_1}{\partial M_3} = R\sigma_1 T^2 \frac{\partial^2 \log p_1}{\partial M_3\, \partial T} = \frac{\partial}{\partial M_3}\left(R\sigma_1 T^2 \frac{\partial \log p_1}{\partial T}\right).$$

Les deux fonctions $\mathcal{F}_1$ et $R\sigma_1 T^2 \dfrac{\partial \log p_1}{\partial T}$ ont les mêmes dérivées partielles par rapport à M_2 et à M_3. Leur différence est donc indépendante de M_2 et de M_3. Or, si l'on fait $M_2 = 0$, la fonction $\mathcal{F}_1$, en vertu de sa définition (38), se réduit évidemment à zéro, tandis que la fonction $R\sigma_1 T^2 \dfrac{\partial \log p_1}{\partial T}$ se réduit à $R\sigma T^2 \dfrac{d \log P_1(T)}{dT}$, $P_1(T)$ étant, à la température T, la tension de vapeur saturée du liquide 1, pris à l'état de pureté. On a donc

$$(39) \qquad \mathcal{F}_1 = R\sigma_1 T^2 \frac{\partial}{\partial T}\log\frac{p_1}{P_1}.$$

En vertu des égalités (37), (38) et (39), l'égalité (36) devient

$$EL_1 = \frac{R\sigma_1}{E}T^2\left(\frac{\partial}{\partial T}\log\frac{p_1}{P_1} + \frac{\partial \log p_1}{\partial M_1}\frac{dM_1}{dT} + \frac{\partial \log p_1}{\partial M_2}\frac{dM_2}{dT} + \frac{\partial \log p_1}{\partial M_3}\frac{dM_3}{dT}\right),$$

ou bien

$$(40) \qquad EL_1 = \frac{R\,\sigma_1}{E}\,T^2\,\frac{d}{dT}\,\log\frac{p_1}{P_1}.$$

De même, si l'on ajoute au mélange liquide une masse $d\mathfrak{M}_2$ du liquide 2 pris à l'état de pureté, il se dégage une quantité de chaleur $L_2\,d\mathfrak{M}_2$ et l'on a

$$(40\ bis) \qquad EL_2 = \frac{R\,\sigma_2}{E}\,T^2\,\frac{d}{dT}\,\log\frac{p_2}{P_2},$$

$P_2(T)$ étant, à la température T, la tension de vapeur saturée du liquide 2, pris à l'état de pureté.

Imaginons maintenant que nous introduisions dans le mélange liquide une masse $d\mathfrak{M}_3$ du composé solide 3. Il se dégagera une quantité de chaleur $L_3\,d\mathfrak{M}_3$. Proposons-nous de calculer L_3.

Nous aurons

$$EL_3\,d\mathfrak{M}_3 = \left(\Psi_3' - T\,\frac{d\Psi_3'}{dT}\right)d\mathfrak{M}_3$$
$$+ \left(F_1 - T\,\frac{\partial F_1}{\partial T}\right)dM_1 + \left(F_2 - T\,\frac{\partial F_2}{\partial T}\right)dM_2 + \left(F_3 - T\,\frac{\partial F_3}{\partial T}\right)dM_3,$$

dM_1, dM_2, dm_3 étant liés à $d\mathfrak{M}_3$ par les égalités (30).

En vertu de ces égalités (30), l'égalité précédente devient

$$EL_3 = \left(\Psi_3' - T\,\frac{d\Psi_3'}{dT}\right) - \left(F_3 - T\,\frac{\partial F_3}{dT}\right)$$
$$- \frac{1}{\Delta}\left[n_1\varpi_1\,\frac{\partial F_1}{\partial M_3} + n_2\varpi_2\,\frac{\partial F_2}{\partial M_3} - (n_1\varpi_1 + n_2\varpi_2)\,\frac{\partial F_3}{\partial M_3}\right]$$
$$\times \left[n_1\varpi_1\left(F_1 - T\,\frac{\partial F_1}{\partial T}\right) + n_2\varpi_2\left(F_2 - T\,\frac{\partial F_2}{\partial T}\right) - (n_1\varpi_1 + n_2\varpi_2)\left(F_3 - T\,\frac{\partial F_3}{\partial T}\right)\right]$$

ou bien encore, en vertu des égalités (3) et (35),

$$(41) \quad \left\{\begin{aligned} EL_3 &= \left(\Psi_3' - T\,\frac{d\Psi_3'}{dT}\right) - \left(F_3 - T\,\frac{\partial F_3}{\partial T}\right) \\ &+ \frac{T}{n_1\varpi_1 + n_2\varpi_2}\left[n_1\varpi_1\,\frac{\partial F_1}{\partial M_3} + n_2\varpi_2\,\frac{\partial F_2}{\partial M_3} - (n_1\varpi_1 + n_2\varpi_2)\,\frac{\partial F_3}{\partial M_3}\right]\frac{dM_3}{dT}. \end{aligned}\right.$$

Les égalités (3) et (33) donnent

$$(n_1 \varpi_1 + n_2 \varpi_2)\left(T \frac{\partial F_3}{\partial T} - F_3\right)$$

$$= n_1 \varpi_1 \left(T \frac{\partial F_1}{\partial T} - F_1\right) + n_2 \varpi_2 \left(T \frac{\partial F_2}{\partial T} - F_2\right)$$

$$+ T\left[n_1 \varpi_1 \frac{\partial F_1}{\partial M_1} + n_2 \varpi_2 \frac{\partial F_2}{\partial M_1} - (n_1 \varpi_1 + n_2 \varpi_2)\frac{\partial F_3}{\partial M_1}\right]\frac{dM_1}{dT}$$

$$+ T\left[n_1 \varpi_1 \frac{\partial F_1}{\partial M_2} + n_2 \varpi_2 \frac{\partial F_2}{\partial M_2} - (n_1 \varpi_1 + n_2 \varpi_2)\frac{\partial F_3}{\partial M_2}\right]\frac{dM_2}{dT}$$

$$+ T\left[n_1 \varpi_1 \frac{\partial F_1}{\partial M_3} + n_2 \varpi_2 \frac{\partial F_2}{\partial M_3} - (n_1 \varpi_1 + n_2 \varpi_2)\frac{\partial F_3}{\partial M_3}\right]\frac{dM_3}{dT}.$$

Moyennant cette égalité, l'égalité (41) devient

$$(42) \quad \begin{cases} E(n_1 \varpi_1 + n_2 \varpi_2)L_3 \\[2mm] = (n_1 \varpi_1 + n_2 \varpi_2)\left(\Psi'_3 - T \frac{d\Psi'_3}{dT}\right) \\[2mm] \quad - n_1 \varpi_1 \left(F_1 - T \frac{\partial F_1}{\partial T}\right) - n_2 \varpi_2 \left(F_2 - T \frac{\partial F_2}{\partial T}\right) \\[2mm] \quad + T\left[n_1 \varpi_1 \frac{\partial F_1}{\partial M_1} + n_2 \varpi_2 \frac{\partial F_2}{\partial M_1} - (n_1 \varpi_1 + n_2 \varpi_2)\frac{\partial F_3}{\partial M_1}\right]\frac{dM_1}{dT} \\[2mm] \quad + T\left[n_1 \varpi_1 \frac{\partial F_1}{\partial M_2} + n_2 \varpi_2 \frac{\partial F_2}{\partial M_2} - (n_1 \varpi_1 + n_2 \varpi_2)\frac{\partial F_3}{\partial M_2}\right]\frac{dM_2}{dT}. \end{cases}$$

Si l'on observe que l'on a

$$\frac{\partial F_2}{\partial M_1} = \frac{\partial F_1}{\partial M_2},$$

$$\frac{\partial F_3}{\partial M_1} = \frac{\partial F_1}{\partial M_3}, \qquad \frac{\partial F_3}{\partial M_2} = \frac{\partial F_2}{\partial M_3},$$

et si l'on tient compte des égalités (34), on trouve sans peine que l'égalité (42) peut s'écrire

$$(43) \quad \begin{cases} E(n_1 \varpi_1 + n_2 \varpi_2)L_3 \\[2mm] = (n_1 \varpi_1 + n_2 \varpi_2)\left(\Psi'_3 - T \frac{d\Psi'_3}{dT}\right) \\[2mm] \quad - n_1 \varpi_1 \left(F_1 - T \frac{\partial F_1}{\partial T}\right) - n_2 \varpi_2 \left(F_2 - T \frac{\partial F_2}{\partial T}\right) \\[2mm] \quad + n_1 \varpi_1 T \left(\frac{\partial F_1}{\partial M_1}\frac{dM_1}{dT} + \frac{\partial F_1}{\partial M_2}\frac{dM_2}{dT} + \frac{\partial F_1}{\partial M_3}\frac{dM_3}{dT}\right) \\[2mm] \quad + n_2 \varpi_2 T \left(\frac{\partial F_2}{\partial M_1}\frac{dM_1}{dT} + \frac{\partial F_2}{\partial M_2}\frac{dM_2}{dT} + \frac{\partial F_2}{\partial M_3}\frac{dM_3}{dT}\right). \end{cases}$$

Considérons la fonction

$$(44) \quad \left\{ \begin{aligned} &\mathcal{F}_3(M_1, M_2, M_3, T) \\ &= (n_1 \varpi_1 + n_2 \varpi_2)\left(\Psi'_3 - T\frac{d\Psi'_3}{dT}\right) \\ &\quad - n_1 \varpi_1\left(F_2 - T\frac{\partial F_1}{\partial T}\right) - n_2 \varpi_2\left(F_2 - T\frac{\partial F_2}{\partial T}\right). \end{aligned} \right.$$

Les égalités (37) nous montrent que l'on a

$$(45) \quad \left\{ \begin{aligned} \frac{\partial F_3}{\partial M_1} &= \frac{\partial}{\partial M_1}\left[RT^2 \frac{\partial}{\partial T}(\log p_1^{n_1 \varpi_1 \sigma_1} p_2^{n_2 \varpi_2 \sigma_2}) \right], \\ \frac{\partial F_3}{\partial M_2} &= \frac{\partial}{\partial M_2}\left[RT^2 \frac{\partial}{\partial T}(\log p_1^{n_1 \varpi_1 \sigma_1} p_2^{n_2 \varpi_2 \sigma_2}) \right]. \end{aligned} \right.$$

Les deux fonctions $\mathcal{F}_3$ et $RT^2 \frac{\partial}{\partial T}(\log p_1^{n_1 \varpi_1 \sigma_1} p_2^{n_2 \varpi_2 \sigma_2})$ ont les mêmes dérivées partielles par rapport à M_1 et à M_2. Leur différence est donc indépendante de M_1 et de M_2. Pour déterminer cette différence, laissons constante la masse M_3; faisons varier les masses M_1, M_2 de telle sorte que l'égalité

$$(3) \quad n_1 \varpi_1 F_1 + n_2 \varpi_2 F_2 - (n_1 \varpi_1 + n_2 \varpi_2) F_3 = 0$$

soit continuellement vérifiée, et cela jusqu'au moment où la dissolution est saturée du corps 3, c'est-à-dire jusqu'au moment où l'on a

$$(9) \quad F_3 = \Psi'_3.$$

Si nous désignons par F'_1, F'_2 ce que deviennent à ce moment les fonctions F_1, F_2, par M'_1, M'_2 ce que deviennent les masses M_1, M_2, nous aurons

$$(46) \quad n_1 \varpi_1 F'_1 + n_2 \varpi_2 F'_2 - (n_1 \varpi_1 + n_2 \varpi_2) \Psi'_3 = 0.$$

Imaginons que nous élevions la température de dT, en maintenant cette dissolution saturée au contact d'un excès du corps 3 à l'état solide; les masses M'_1, M'_2, M_3 subiront des variations que nous désignerons par

$$\frac{dM'_1}{dT}\, dT, \quad \frac{dM'_2}{dT}\, dT, \quad \frac{dM'_3}{dT}\, dT;$$

en vertu de l'égalité (46), nous aurons

$$
(47)
\begin{cases}
n_1\varpi_1\dfrac{\partial F'_1}{\partial T} + n_2\varpi_2\dfrac{\partial F'_2}{\partial T} - (n_1\varpi_1+n_2\varpi_2)\dfrac{d\Psi'_3}{dT} \\[2mm]
\quad + n_1\varpi_1\left(\dfrac{\partial F'_1}{\partial M'_1}\dfrac{dM'_1}{dT} + \dfrac{\partial F'_1}{\partial M'_2}\dfrac{dM'_2}{dT} + \dfrac{\partial F'_1}{\partial M_3}\dfrac{dM'_3}{dT}\right) \\[2mm]
\quad + n_2\varpi_2\left(\dfrac{\partial F'_2}{\partial M'_1}\dfrac{dM'_1}{dT} + \dfrac{\partial F'_2}{\partial M'_2}\dfrac{dM'_2}{dT} + \dfrac{\partial F'_2}{\partial M_3}\dfrac{dM'_3}{dT}\right) = 0.
\end{cases}
$$

Si l'on fait $M_1 = M'_1$, $M_2 = M'_2$, la fonction $\mathscr{F}_3$ devient

$$
\mathscr{F}'_3 = (n_1\varpi_1+n_2\varpi_2)\Psi'_3 - n_1\varpi_1 F'_1 - n_2\varpi_2 F'_2
$$
$$
- T\left[(n_1\varpi_1+n_2\varpi_2)\dfrac{d\Psi'_3}{dT} - n_1\varpi_1\dfrac{\partial F'_1}{\partial T} - n_2\varpi_2\dfrac{\partial F'_2}{\partial T}\right],
$$

ou bien, en vertu des égalités (46) et (47),

$$
(48)
\begin{cases}
\mathscr{F}'_3 = - n_1\varpi_1 T\left(\dfrac{\partial F'_1}{\partial M'_1}\dfrac{dM'_1}{dT} + \dfrac{\partial F'_1}{\partial M'_2}\dfrac{dM'_2}{dT} + \dfrac{\partial F'_1}{\partial M_3}\dfrac{dM'_3}{dT}\right) \\[2mm]
\quad - n_2\varpi_2 T\left(\dfrac{\partial F'_2}{\partial M'_1}\dfrac{dM'_1}{dT} + \dfrac{\partial F'_2}{\partial M'_2}\dfrac{dM'_2}{dT} + \dfrac{\partial F'_2}{\partial M_3}\dfrac{dM'_3}{dT}\right).
\end{cases}
$$

D'autre part, une dissolution renfermant les masses M'_1, M'_2, M_3 des corps 1, 2 et 3 émet une vapeur mixte où les corps 1 et 2 ont les tensions partielles p'_1, p'_2; en sorte que, pour $M_1 = M'_1$, $M_2 = M'_2$, la fonction

$$
RT^2\dfrac{\partial}{\partial T}\log p_2^{n_1\varpi_1\sigma_1}p_2^{n_2\varpi_2\sigma_2}
$$

devient

$$
RT^2\dfrac{\partial}{\partial T}\log p'^{n_1\varpi_1\sigma_1}_1 p'^{n_2\varpi_2\sigma_2}_2.
$$

Ce résultat, rapproché des égalités (45) et (48), donne

$$
(49)
\begin{cases}
\mathscr{F}_3 = RT^2\dfrac{\partial}{\partial T}\log\dfrac{p_1^{n_1\varpi_1\sigma_1}p_2^{n_2\varpi_2\sigma_2}}{p'^{n_1\varpi_1\sigma_1}_1 p'^{n_2\varpi_2\sigma_2}_2} \\[2mm]
\quad - n_1\varpi_1 T\left(\dfrac{\partial F'_1}{\partial M'_1}\dfrac{dM'_1}{dT} + \dfrac{\partial F'_1}{\partial M'_2}\dfrac{dM'_2}{dT} + \dfrac{\partial F'_1}{\partial M_3}\dfrac{dM'_3}{dT}\right) \\[2mm]
\quad - n_2\varpi_2 T\left(\dfrac{\partial F'_2}{\partial M'_1}\dfrac{dM'_1}{dT} + \dfrac{\partial F'_2}{\partial M'_2}\dfrac{dM'_2}{dT} + \dfrac{\partial F'_2}{\partial M_3}\dfrac{dM'_3}{dT}\right).
\end{cases}
$$

Les égalités (43) et (49) donnent, en tenant compte des égalités (37),

$$
\begin{aligned}
(50)\quad E(n_1\varpi_1 + n_2\varpi_2)L_3 = {}& RT^2 \frac{\partial}{\partial T} \log \frac{p_1^{n_1\varpi_1\sigma_1}\, p_2^{n_2\varpi_2\sigma_2}}{p_1'^{n_1\varpi_1\sigma_1}\, p_2'^{n_2\varpi_2\sigma_2}} \\
& + n_1\varpi_1\sigma_1 RT^2 \left(\frac{\partial \log p_1}{\partial M_1}\frac{dM_1}{dT} + \frac{\partial \log p_1}{\partial M_2}\frac{dM_2}{dT} + \frac{\partial \log p_1}{\partial M_3}\frac{dM_3}{dT} \right) \\
& + n_2\varpi_2\sigma_2 RT^2 \left(\frac{\partial \log p_2}{\partial M_1}\frac{dM_1}{dT} - \frac{\partial \log p_2}{\partial M_2}\frac{dM_2}{dT} + \frac{\partial \log p_2}{\partial M_3}\frac{dM_3}{dT} \right) \\
& - n_1\varpi_1\sigma_1 RT^2 \left(\frac{\partial \log p_1'}{\partial M_1'}\frac{dM_1'}{dT} + \frac{\partial \log p_1'}{\partial M_2'}\frac{dM_2'}{dT} + \frac{\partial \log p_1'}{\partial M_3}\frac{dM_3'}{dT} \right) \\
& - n_2\varpi_2\sigma_2 RT^2 \left(\frac{\partial \log p_2'}{\partial M_1'}\frac{dM_1'}{dT} + \frac{\partial \log p_2'}{\partial M_2'}\frac{dM_2'}{dT} + \frac{\partial \log p_2'}{\partial M_3}\frac{dM_3'}{dT} \right)
\end{aligned}
$$

Mais on a

$$
\begin{aligned}
(51)\quad & \frac{\partial}{\partial T} \log p_1^{n_1\varpi_1\sigma_1}\, p_2^{n_2\varpi_2\sigma_1} \\
& + n_1\varpi_1\sigma_1 \left(\frac{\partial \log p_1}{\partial M_1}\frac{dM_1}{dT} + \frac{\partial \log p_1}{\partial M_2}\frac{dM_2}{dT} + \frac{\partial \log p_1}{\partial M_3}\frac{dM_3}{dT} \right) \\
& + n_2\varpi_2\sigma_2 \left(\frac{\partial \log p_2}{\partial M_1}\frac{dM_1}{dT} - \frac{\partial \log p_2}{\partial M_2}\frac{dM_2}{dT} + \frac{\partial \log p_2}{\partial M_3}\frac{dM_3}{dT} \right) \\
& = \frac{d}{dT} \log p_1^{n_1\varpi_1\sigma_1}\, p_2^{n_2\varpi_2\sigma_2}.
\end{aligned}
$$

D'autre part, si le corps solide 3 se dissocie dans une enceinte *vide*, il émet une vapeur mixte dans laquelle les corps 1 et 2 ont des tensions partielles $\Phi_1(T)$, $\Phi_2(T)$. D'après ce que nous avons vu au § I, on a

$$
p_1'^{n_1\varpi_1\sigma_1}\, p_2'^{n_2\varpi_2\sigma_2} = \Phi_1^{n_1\varpi_1\sigma_1}\,\Phi_2^{n_2\varpi_2\sigma_2}.
$$

Cette égalité donne aisément

$$
\begin{aligned}
(52)\quad & \frac{\partial}{\partial T} \log p_1'^{n_1\varpi_1\sigma_1}\, p_2'^{n_2\varpi_2\sigma_2} \\
& + n_1\varpi_1\sigma_1 \left(\frac{\partial \log p_1'}{\partial M_1'}\frac{dM_1'}{dT} + \frac{\partial \log p_1'}{\partial M_2}\frac{dM_2'}{dT} + \frac{\partial \log p_1'}{\partial M_3}\frac{dM_3'}{dT} \right) \\
& + n_2\varpi_2\sigma_2 \left(\frac{\partial \log p_2'}{\partial M_1'}\frac{dM_1'}{dT} + \frac{\partial \log p_2'}{\partial M_2'}\frac{dM_2'}{dT} + \frac{\partial \log p_2'}{\partial M_3}\frac{dM_3'}{dT} \right) \\
& = \frac{d}{dT} \log \Phi_1^{n_1\varpi_1\sigma_1}\,\Phi_2^{n_2\varpi_2\sigma_2}.
\end{aligned}
$$

Les égalités (50), (51), (52) donnent enfin

$$(53) \qquad EL_3 = \frac{R}{(n_1\varpi_1 + n_2\varpi_2)\lambda}\, T^2 \frac{d}{dT}\log\left(\frac{p_1^{n_1\varpi_1\sigma_1}\, p_2^{n_2\varpi_2\sigma_2}}{\Phi_1^{n_1\varpi_1\sigma_1}\,\Phi_2^{n_2\varpi_2\sigma_2}}\right).$$

Cette formule peut encore se mettre sous une forme un peu différente.

Soit $\Pi(T)$ la tension totale de la vapeur mixte que le solide 3 émet dans le vide, à la température T. Nous aurons

$$\Phi_1 + \Phi_2 = \Pi,$$

et aussi

$$\frac{\Phi_1}{\Phi_2} = \frac{n_1\varpi_1\sigma_1}{n_2\varpi_2\sigma_2},$$

ce qui donne

$$(54) \qquad \begin{cases} \Phi_1 = \dfrac{n_1\varpi_1\sigma_1}{n_1\varpi_1\sigma_1 + n_2\varpi_2\sigma_2}\,\Pi, \\[2ex] \Phi_2 = \dfrac{n_2\varpi_2\sigma_2}{n_1\varpi_1\sigma_1 + n_2\varpi_2\sigma_2}\,\Pi, \end{cases}$$

et permet d'écrire, au lieu de l'égalité (53),

$$(53\ bis) \qquad EL_3 = \frac{R}{n_1\varpi_1 + n_2\varpi_2}\, T^2 \frac{d}{dT}\log\frac{p_1^{n_1\varpi_1\sigma_1}\, p_2^{n_2\varpi_2\sigma_2}}{\Pi^{n_1\varpi_1\sigma_1 + n_2\varpi_2\sigma_2}}.$$

§ IV. — Application des formules précédentes aux corps qui suivent la loi de MM. Moitessier et Engel.

Imaginons maintenant que les corps étudiés suivent la loi de MM. Moitessier et Engel; la tension de la vapeur mixte émise par la dissolution est constamment égale à la tension de vapeur du liquide 2, pris à l'état de pureté,

$$(55) \qquad p_1 + p_2 = p_2.$$

Soit V le volume occupé par le mélange gazeux; nous aurons

$$p_1 V = RT\sigma_1 m_1,$$
$$p_2 V = RT\sigma_2 m_2,$$

et, par conséquent,

$$(56) \qquad \frac{p_1}{p_2} = \frac{\sigma_1 m_1}{\sigma_2 m_2}.$$

Les égalités (55) et (56) donnent

$$(57) \quad \begin{cases} p_1 = \dfrac{m_1\,\sigma_1}{m_1\,\sigma_1 + m_2\,\sigma_2}\,P_2, \\[2ex] p_2 = \dfrac{m_2\,\sigma_2}{m_1\,\sigma_1 + m_2\,\sigma_2}\,P_2. \end{cases}$$

Mais nous avons vu que la loi de MM. Moitessier et Engel entraînait l'égalité

$$(22) \quad \frac{m_1}{m_2} = \frac{M_1 + \dfrac{n_1\,\varpi_1}{n_1\,\varpi_1 + n_2\,\varpi_2}\,M_3}{M_2 + \dfrac{n_2\,\varpi_2}{n_1\,\varpi_1 + n_2\,\varpi_2}\,M_3},$$

en sorte que les égalités (57) peuvent s'écrire

$$(58) \quad \begin{cases} p_1 = \dfrac{\sigma_1\left(M_1 + \dfrac{n_1\,\varpi_1}{n_1\,\varpi_1 + n_2\,\varpi_2}\,M_3\right)}{\sigma_1\left(M_1 + \dfrac{n_1\,\varpi_1}{n_1\,\varpi_1 + n_2\,\varpi_2}\,M_3\right) + \sigma_2\left(M_2 + \dfrac{n_2\,\varpi_2}{n_1\,\varpi_1 + n_2\,\varpi_2}\,M_3\right)}\,P_2, \\[4ex] p_2 = \dfrac{\sigma_2\left(M_2 + \dfrac{n_2\,\varpi_2}{n_1\,\varpi_1 + n_2\,\varpi_2}\,M_3\right)}{\sigma_1\left(M_1 + \dfrac{n_1\,\varpi_1}{n_1\,\varpi_1 + n_2\,\varpi_2}\,M_3\right) + \sigma_2\left(M_2 + \dfrac{n_2\,\varpi_2}{n_1\,\varpi_1 + n_2\,\varpi_2}\,M_3\right)}\,P_2. \end{cases}$$

En vertu des égalités (34), on a

$$\frac{d}{dT}\left(M_1 + \frac{n_1\,\varpi_1}{n_1\,\varpi_1 + n_2\,\varpi_2}\,M_3\right) = 0,$$

$$\frac{d}{dT}\left(M_2 + \frac{n_2\,\varpi_2}{n_1\,\varpi_1 + n_2\,\varpi_2}\,M_3\right) = 0,$$

en sorte que les égalités (58) donnent

$$(59) \quad \frac{d\log p_1}{dT} = \frac{d\log p_2}{dT} = \frac{d\log P_2}{dT}.$$

Moyennant ces égalités (59), les égalités (40), (40 *bis*) et (53 *bis*) deviennent

$$(60) \quad \begin{cases} L_1 = \dfrac{R\,\sigma_1}{E}\,T^2\,\dfrac{d}{dT}\log\dfrac{P_2}{P_1}, \\[2ex] L_2 = 0, \\[2ex] L_3 = \dfrac{R}{E}\cdot\dfrac{n_1\,\varpi_1\,\sigma_1 + n_2\,\varpi_2\,\sigma_2}{n_1\,\varpi_1 + n_2\,\varpi_2}\,\dfrac{d}{dT}\log\dfrac{P_2}{\Pi}. \end{cases}$$

Lorsqu'on ajoute au système considéré une masse $d\mathfrak{M}_2$ du corps 2 à l'état liquide, il ne se produit aucun phénomène thermique.

Lorsqu'on ajoute au système considéré une masse $d\mathfrak{M}_1$ du corps 1 à l'état liquide, il se dégage une quantité de chaleur que l'on peut calculer si l'on connaît les courbes de tensions de vapeur saturée des liquides 1 et 2, pris à l'état de pureté.

Lorsqu'on ajoute au système considéré une masse $d\mathfrak{M}_3$ du corps 3 à l'état solide, il se dégage une quantité de chaleur que l'on peut calculer si l'on connaît les tensions de dissociation du solide 3 et les tensions de vapeur du liquide 2.

Nous avions donné ([1]), en 1887, la plupart des formules contenues dans ce Chapitre.

([1]) P. Duhem, *Sur les vapeurs émises par un mélange de substances volatiles* (*Annales de l'École Normale supérieure*, 3ᵉ série, t. IV, p. 9; 1887).

TABLE DES MATIÈRES.

20207   Paris. — Impr. GAUTHIER-VILLARS ET FILS, quai des Grands-Augustins, 55.

TRAVAUX ET MÉMOIRES DES FACULTÉS DE LILLE